AF381445

# PRÉFACE

Dans un monde en perpétuel changement, où les défis sociaux, économiques, et environnementaux se complexifient, la quête de l'innovation n'a jamais été aussi essentielle. Pourtant, au-delà de la simple recherche de nouveauté, c'est une compréhension plus profonde de la dynamique de la créativité et des systèmes complexes qui nous permettra de relever les grands défis du XXIe siècle. Jean-Charles Poupel, fort de ses trois décennies d'expérience et d'une vision singulière, propose dans cet ouvrage une approche qui transcende les méthodes traditionnelles de gestion de projet et de résolution de problèmes. À travers l'intelligence heuristique, la systémique, et sa méthodologie ©PSMI, il nous invite à un voyage intellectuel au cœur de la pensée créative et à l'avant-garde de l'innovation industrielle.

Ce livre est bien plus qu'un guide méthodologique. Il offre une immersion dans un univers où les limites entre la fiction, la pensée visionnaire, et la science appliquée se brouillent, ouvrant ainsi de nouvelles perspectives sur le potentiel humain et collectif. Avec l'inspiration d'auteurs visionnaires comme Jules Verne, Jean-Charles nous incite à questionner nos propres façons de penser et à imaginer l'avenir au-delà des contraintes immédiates. La méthodologie ©PSMI, qu'il a façonnée à travers des projets variés – des systèmes d'éclairage pour l'automobile aux dispositifs urbains en passant par les énergies renouvelables – illustre une approche transversale qui réunit rigueur et audace.

Ce livre est structuré autour d'une série de concepts essentiels à la compréhension de la créativité radicale et de l'innovation durable. L'intelligence heuristique, à laquelle Jean-Charles a consacré une réflexion approfondie, apparaît ici comme un outil puissant, capable de guider les équipes dans des environnements incertains et d'ouvrir la voie à des solutions inédites. De même, l'approche systémique se révèle indispensable pour intégrer les multiples facettes et parties prenantes d'un projet complexe, assurant ainsi une cohésion et une vision holistique qui manquent souvent aux stratégies conventionnelles.

Cet ouvrage nous rappelle que l'innovation ne peut être réduite à un ensemble de techniques ou de processus. Elle est avant tout une exploration collective, une aventure humaine et intellectuelle qui repose sur la capacité à penser différemment et à valoriser la diversité des perspectives. À travers des exemples concrets et des études de cas, Jean-Charles démontre comment l'intelligence collective et la congruence conceptuelle peuvent transformer non seulement des projets, mais aussi des organisations entières.

En ces temps de transformation rapide, il est crucial de disposer d'outils et de méthodes qui nous permettent de naviguer dans la complexité tout en conservant un cap éthique et durable. Jean-Charles Poupel nous offre ici une feuille de route inspirante, basée sur des principes éprouvés et une conviction profonde : celle que l'innovation la plus percutante est celle qui s'inscrit dans une perspective de progrès pour la société et de respect pour l'environnement.

L'avenir de l'innovation dépendra de notre capacité à adopter une vision systémique et à cultiver une intelligence heuristique collective. Ce livre nous montre comment faire de cette vision une réalité. Que vous soyez un professionnel aguerri, un chercheur ou un jeune entrepreneur, vous y trouverez des idées, des outils, et, surtout, une inspiration pour construire un futur où la créativité et l'innovation deviennent des forces de transformation positive.

**« Le génie n'est pas dans la méthode, mais dans ceux qui l'utilisent ! »**

Bonne lecture et bienvenue dans l'univers de l'innovation systémique et radicale...

**Présentation des concepts-clés**
Intelligence heuristique (IH), systémique, et méthodologie ©PSMI.

Objectifs du livre : Comprendre comment l'IH et la systémique soutiennent les approches de projet d'innovation radicale.

Évolution personnelle et professionnelle : Une rétrospective de 30 ans de parcours, des premiers projets industriels aux domaines avancés d'innovation.

# Partie I : Fondements de l'Intelligence Heuristique et de la Systémique

Chapitre 1 : L'IH et le cadre de la créativité transversale
Historique et définition de l'intelligence heuristique.
L'IH comme outil de résolution.

Chapitre 2 : ©PSMI et son impact sur la gestion de projets
Décomposition de la méthode ©PSMI.
Exemples et cas d'application en entreprise.

Chapitre 3 : La systémique appliquée à la gestion de projets
Principes de la systémique dans les environnements de projets.
Modèles d'interaction et dynamique des parties prenantes.

# Partie II : Méthodologie ©PSMI et Cas d'Étude en Innovation de Rupture

Chapitre 4 : Structurer l'innovation avec ©PSMI
Processus de conceptualisation et d'idéation.
Les cycles courts d'innovation dans les projets d'EnR.

Chapitre 5 : La Congruence Conceptuelle et l'Indice de Congruence Conceptuel (ICC)
La notion de congruence en innovation.
L'ICC et son rôle dans l'acceptation.

Chapitre 6 : Étude de cas – Projets environnementaux et innovation systémique
©PSMI appliqué à des projets d'innovation.
Analyse des résultats et des enseignements.

# Partie III : ©PSMI et Intelligence Heuristique dans l'Exploration Spatiale et l'Extraction Lunaire

Chapitre 7 : La vision de l'ingénieur visionnaire – L'inspiration de Jules Verne

Verne comme modèle de projection créative dans l'industrie.

L'impact de la fiction dans l'innovation concrète

Chapitre 8 : L'étude d'extraction lunaire et les défis de l'innovation systémique

Description des enjeux d'extraction de ressources sur la Lune.

IH et ©PSMI soutiennent la gestion de ces projets d'avant-garde.

Chapitre 9 : Mise en pratique – Méthodologie ©PSMI dans l'exploration lunaire

Analyse des phases ©PSMI dans le contexte d'une mine lunaire.

Projection de l'impact de l'exploitation des ressources spatiales sur l'industrie terrestre.

# Partie IV : De la Théorie à l'Implémentation – Vers une Intelligence Créative Collective

Chapitre 10 : Construire une intelligence créative dans les organisations

Intégration de l'IH et ©PSMI dans le management.

L'importance de la cohésion d'équipe et des processus de communication.

Chapitre 11 : De la méthodologie ©PSMI à une stratégie d'innovation durable

Principes pour établir une continuité de l'innovation au sein des organisations.

Prévisions sur l'évolution des approches méthodologiques en innovation et leurs applications dans divers secteurs, incluant les projets de recherche spatiale.

## Conclusion : Vision prospective et réflexions finales

Synthèse des principes et des approches méthodologiques décrites.

Réflexion sur l'avenir de l'IH, de la systémique, et de ©PSMI dans le cadre des projets d'innovation mondiale.

Appel à l'action pour une innovation responsable et éthique.

## Les indispensables Annexes…

I - Le sel du rêve et de l'imaginaire

II - La méthode ©PSMI

III - Grille d'Audit ©PSMI

IV - Cas prospectif du « Voyage jusqu'au centre de la Lune »

V - Créativité radicale appliquée à l'extraction minière sur la Lune

VI - Les loupés de la gestion de projet…

# Introduction : Contexte et Ambition de l'Ouvrage

À l'ère de la complexité croissante, des transitions accélérées, et des défis globaux, l'innovation n'est plus une option mais une nécessité. Qu'il s'agisse de relever les enjeux climatiques, de transformer les modèles économiques ou d'explorer des horizons encore inatteignables, les organisations doivent repenser leur manière d'imaginer, de concevoir et de réaliser.

C'est dans ce contexte exigeant que j'ai développé la méthode ©PSMI (Problématiques, Solutions, Moyens, Impacts), une approche méthodologique intégrant les principes de la pensée systémique et de l'intelligence heuristique (IH). Fort de plus de 30 ans d'expérience dans l'industrie, la recherche, et des projets d'innovation de rupture, mon ambition avec cet ouvrage est double : partager cette méthode et inspirer une nouvelle manière de gérer les projets et de concevoir l'innovation.

## 1. Pourquoi ce livre ?

L'idée de cet ouvrage est née d'une observation récurrente dans mes expériences professionnelles : les projets d'innovation, qu'ils soient ambitieux ou modestes, échouent souvent à cause d'un manque de structuration ou d'une incapacité à anticiper les impacts. Pourtant, les solutions existent. Il s'agit de combiner :

- Une vision systémique : Comprendre les interactions entre les différentes parties prenantes et variables d'un projet.

- Une créativité radicale : Explorer des idées audacieuses et non conventionnelles.

- Des outils pragmatiques : Mettre en œuvre des méthodologies claires pour transformer les idées en actions concrètes.

Ce livre s'adresse à tous ceux qui souhaitent non seulement comprendre ces concepts, mais aussi les appliquer dans leurs projets, qu'ils soient liés à l'industrie, à l'environnement, ou à l'innovation technologique.

## 2. Une Méthode Inspirée d'un Parcours et d'une Vision

La méthode ©PSMI que je propose est le fruit d'un cheminement personnel et professionnel, nourri par des influences variées :

- Un parcours dans l'industrie : De mes débuts dans les bureaux d'études jusqu'à des responsabilités en assistance à maîtrise d'ouvrage, j'ai pu observer les réussites et les échecs des approches traditionnelles de gestion de projets.

- Une passion pour la littérature visionnaire : Jules Verne, en particulier, a profondément influencé ma pensée. Son œuvre L'Île mystérieuse illustre l'idée d'une ingénierie audacieuse et responsable, une approche que j'ai souhaité adapter aux réalités contemporaines.

- Une recherche doctorale en sciences de l'information et de la communication : Cette phase de réflexion académique m'a permis de structurer mes observations en une méthode accessible et applicable.

- ©PSMI n'est pas simplement une méthodologie ; c'est une philosophie de gestion qui valorise la créativité, l'adaptabilité, et l'impact mesurable. Enrichie par des outils comme la grille d'audit.

## 3. La Grille d'Audit : Un Outil Central dans ©PSMI

L'innovation ne peut être pleinement réalisée sans un suivi structuré et une évaluation régulière. La grille d'audit intégrée dans ©PSMI (Annexe III) est conçue pour :

- Diagnostiquer rapidement l'état des projets, grâce à 9 processus et 44 critères couvrant les différentes phases de ©PSMI.

- Identifier les forces et les faiblesses des projets, en mettant en lumière les écarts entre les objectifs fixés et les réalisations.

- Fournir une base de données pour ajuster les actions en temps réel, garantissant ainsi une meilleure gestion des risques et une optimisation des ressources.

Exemple pratique : Dans un projet de transition énergétique, l'utilisation de la grille d'audit a permis d'identifier une incohérence dans la planification des ressources humaines, qui risquait de retarder la mise en œuvre. Grâce à cette évaluation, une réallocation des équipes a été réalisée à temps, assurant le respect du calendrier et des objectifs.

## 4. Objectifs de l'Ouvrage

Ce livre se veut à la fois théorique et pratique. Il vise à :

- Expliquer les principes fondamentaux : L'intelligence heuristique, la pensée systémique, et la méthode ©PSMI sont décortiquées pour en montrer les interactions et les complémentarités.

- Illustrer par des cas concrets : À travers des études de cas, notamment dans les secteurs de l'énergie renouvelable et de l'exploration spatiale, le lecteur découvrira comment ces outils peuvent être appliqués.

- Proposer une vision prospective : L'innovation durable, éthique, et systémique est l'horizon vers lequel ce livre souhaite orienter les lecteurs.

## 5. Structure de l'Ouvrage

Ce livre est divisé en quatre grandes parties :

1. Les Fondements de l'Intelligence Heuristique et de la Systémique : Une exploration des concepts-

clés et de leur pertinence dans les environnements complexes.

2. La Méthodologie ©PSMI et ses Cas d'Étude : Une présentation détaillée de la méthode et de son application dans des projets d'innovation de rupture.

3. ©PSMI et l'Exploration Spatiale : Une mise en lumière de la méthode dans des projets avant-gardistes, comme l'extraction lunaire.

4. Vers une Intelligence Créative Collective : Une réflexion sur l'avenir de l'innovation, la collaboration, et la durabilité.

Chaque partie est enrichie par des annexes, des exemples pratiques, et des projections pour aider le lecteur à passer de la théorie à la mise en œuvre.

## 6. Une Invitation à Créer et Transformer

En tant qu'auteur, mon ambition est de partager plus qu'une méthode : une vision. Ce livre est une invitation à concevoir l'innovation comme une force transformatrice capable de répondre aux défis les plus pressants de notre époque.

Que vous soyez un ingénieur, un gestionnaire de projet, un entrepreneur, ou un curieux en quête d'inspiration, cet ouvrage est une boîte à outils pour penser différemment, agir efficacement, et construire durablement.

Je vous invite à plonger dans ce voyage méthodologique et visionnaire, en espérant qu'il nourrira vos propres projets et aspirations.

# Chapitre 1 : L'IH et le Cadre de la Créativité Transversale

L'intelligence heuristique (IH) représente une approche novatrice pour naviguer dans des environnements complexes. Contrairement aux méthodes strictement analytiques, l'IH favorise une pensée flexible, où l'intuition et l'expérience se combinent pour générer des solutions créatives. Cette approche, particulièrement adaptée aux cycles courts d'innovation, permet d'aborder les problématiques avec une vision transversale et multidimensionnelle.

## 1. Définition et Origine de l'Intelligence Heuristique

L'IH tire son origine des travaux sur la cognition humaine, qui montrent que notre esprit est capable de résoudre des problèmes en s'appuyant sur des raccourcis mentaux appelés heuristiques. Ces derniers ne garantissent pas toujours une solution parfaite, mais offrent un point de départ efficace pour explorer les options possibles, même avec des informations limitées.

Dans le cadre de l'innovation, l'IH devient un moteur de créativité, permettant d'explorer rapidement des scénarios alternatifs et de reformuler des problématiques sous des angles inédits. Ce processus favorise non seulement une meilleure compréhension des défis, mais aussi une capacité à anticiper les opportunités émergentes.

## 2. Caractéristiques Clés de l'IH

L'intelligence heuristique repose sur plusieurs piliers fondamentaux qui la distinguent des autres approches créatives :

- Flexibilité mentale : Capacité à passer d'un cadre d'analyse à un autre pour reconsidérer les problématiques.
- Pensée non linéaire : Exploration simultanée de plusieurs solutions possibles, même lorsqu'elles semblent divergentes ou contradictoires.
- Apprentissage par l'expérience : Intégration des leçons tirées des projets précédents pour affiner les approches futures.

Exemple pratique (issu de l'Annexe VI : Les loupés de la gestion de projet). Dans un projet d'innovation énergétique, une équipe a tenté de résoudre un problème d'efficacité des panneaux solaires avec une approche purement technique, sans explorer les usages finaux. En appliquant l'IH, une nouvelle perspective a émergé : intégrer des panneaux dans des structures modulaires pour répondre aux besoins spécifiques de communautés éloignées. Ce changement de paradigme, basé sur une reformulation de la problématique initiale, a permis de transformer une impasse technique en opportunité commerciale.

## 3. L'IH dans un Cadre de Créativité Transversale

L'un des grands avantages de l'IH est sa capacité à favoriser la transversalité dans la gestion de projets. Plutôt que de cloisonner les disciplines ou les départements, l'IH incite à la collaboration entre des équipes pluridisciplinaires, créant un écosystème où les idées circulent librement.

Lien avec la méthode ©PSMI :
La phase Problématiques de ©PSMI illustre parfaitement ce principe. L'IH permet ici d'identifier des angles de réflexion souvent négligés, tout en tenant compte des interactions entre les différents acteurs et variables du projet.

## 4. Applications de l'IH dans les Projets d'Innovation

Les applications de l'intelligence heuristique sont vastes, notamment dans :

- Les projets d'énergie renouvelable : Explorer des solutions hybrides combinant solaire, éolien et stockage.

- La conception de produits : Développer des designs modulaires qui s'adaptent aux évolutions technologiques.
- L'exploration spatiale : Utiliser des heuristiques pour planifier des missions dans des environnements inconnus, en anticipant les imprévus.

Cas d'application (Annexe II : La méthode ©PSMI)
Dans un projet visant à développer une base lunaire, l'IH a permis d'envisager des solutions inédites pour l'utilisation du régolithe lunaire comme matériau de construction. Plutôt que d'importer des matériaux coûteux depuis la Terre, l'équipe a identifié un procédé chimique local pour transformer le régolithe en briques résistantes, réduisant ainsi les coûts et les risques logistiques.

## 5. Les Limites et Opportunités Futures de l'IH

Bien que l'IH offre une puissance créative indéniable, elle nécessite un cadre structuré pour éviter la dispersion des efforts. C'est là que la combinaison avec des méthodologies comme ©PSMI prend tout son sens, offrant un équilibre entre exploration et rigueur.

Dans l'avenir, l'IH pourrait être renforcée par l'intégration de technologies comme l'intelligence artificielle, qui, en analysant des données massives, pourrait enrichir encore davantage les heuristiques humaines. Ces avancées permettraient d'explorer des domaines comme la santé, l'énergie ou l'exploration spatiale avec une agilité et une précision accrue.

## Conclusion du Chapitre

L'intelligence heuristique, en tant qu'outil de créativité transversale, offre une réponse puissante aux défis d'innovation dans un monde de plus en plus complexe. Combinée à une méthodologie comme ©PSMI, elle permet de transformer des idées novatrices en projets viables et impactants. Ce chapitre ouvre ainsi la voie à une exploration pratique de ces concepts dans les chapitres suivants, en montrant comment l'IH peut être appliquée pour relever des défis réels et créer des opportunités durables.

# Chapitre 2 : Le Système ©PSMI et son Impact sur la Gestion de Projets

La méthodologie ©PSMI (Problématiques, Solutions, Moyens, Impacts) représente un cadre novateur conçu pour structurer et piloter des projets complexes dans des environnements dynamiques. Développée par Jean-Charles Poupel à partir de décennies d'expériences multidisciplinaires, cette approche repose sur une organisation logique des étapes du projet, en mettant l'accent sur la résolution des problématiques, l'identification des ressources nécessaires, et la mesure des résultats.

Dans ce chapitre, nous explorerons en détail les quatre phases clés de la méthode ©PSMI, tout en illustrant leur application pratique à travers des cas d'étude concrets, issus de domaines variés tels que l'énergie renouvelable, l'industrie, et l'exploration spatiale.

## 1. Problématiques : Identifier et Clarifier les Défis

La phase des Problématiques est essentielle pour définir avec précision les enjeux d'un projet. Elle repose sur une analyse approfondie des besoins, des contraintes, et des interactions systémiques qui influencent la réussite du projet.

Exemple pratique (issu de l'Annexe II : La méthode ©PSMI). Dans un projet visant à installer des infrastructures éoliennes en milieu marin, les problématiques identifiées incluaient :

* Les contraintes environnementales liées à la préservation de la biodiversité marine.
* Les défis logistiques de transport et d'installation des structures.
* Les incertitudes météorologiques, impactant le calendrier des opérations.

Grâce à ©PSMI, ces problématiques ont été priorisées et catégorisées, fournissant une base solide pour concevoir des solutions adaptées.

## 2. Solutions : Imaginer et Évaluer les Réponses Innovantes

La phase des Solutions mobilise la créativité collective pour explorer différentes réponses possibles aux problématiques identifiées. Elle s'appuie sur l'intelligence heuristique pour dépasser les approches conventionnelles et proposer des innovations pertinentes.

Exemple pratique (issu de l'Annexe IV : Cas prospectif du « Voyage jusqu'au centre de la Lune »). Pour un projet d'extraction lunaire, les solutions envisagées comprenaient :

✓ L'utilisation de robots autonomes capables de détecter et d'extraire les matériaux précieux directement sur place.

✓ La création de structures modulaires pour protéger les équipements des conditions extrêmes, telles que les radiations et les variations de température.

✓ Le recyclage des débris rocheux en matériaux de construction pour limiter les transports depuis la Terre.

Ces solutions, bien qu'audacieuses, ont été évaluées en fonction de leur faisabilité technique, de leur coût, et de leur durabilité, pour sélectionner celles qui offraient le meilleur équilibre.

## 3. Moyens : Planifier et Allouer les Ressources

La planification des moyens est une étape cruciale pour transformer les solutions en actions concrètes. Cette phase de ©PSMI consiste à identifier et mobiliser les ressources nécessaires – humaines, financières, technologiques – tout en tenant compte des contraintes identifiées dans les phases précédentes.

Lien avec l'analyse de la valeur (Annexe III)
Dans un projet de rénovation énergétique pour un parc immobilier, l'analyse des moyens a permis d'optimiser les coûts tout en atteignant les objectifs environnementaux. Par exemple :

- En remplaçant certains matériaux coûteux par des alternatives locales, les coûts de transport ont été réduits de 25 %.
- En intégrant des technologies évolutives, telles que des capteurs IoT pour la gestion énergétique, le projet est resté pertinent face à l'évolution rapide des technologies.

## 4. Impacts : Mesurer les Résultats et les Retombées

La phase des Impacts évalue les résultats obtenus par rapport aux objectifs initiaux. Elle permet de mesurer les retombées à court, moyen, et long terme, qu'elles soient économiques, environnementales ou sociétales.

Exemple pratique (issu de l'Annexe VI : Les loupés de la gestion de projet). Dans un projet de déploiement de bornes de recharge pour véhicules électriques, l'absence d'une analyse approfondie des impacts a initialement conduit à une adoption limitée des infrastructures. En appliquant ©PSMI pour réévaluer les impacts, l'équipe a :

- Identifié des problèmes d'accès dans les zones rurales.
- Ajusté le déploiement pour inclure des partenariats locaux, augmentant ainsi l'acceptation communautaire et l'utilisation des bornes.

## 5. L'Impact Global de ©PSMI sur la Gestion de Projets

La méthode ©PSMI se distingue par sa capacité à s'adapter à des projets de natures diverses tout en offrant une structure rigoureuse. Elle apporte :

- Une clarté dans la gestion des priorités, réduisant le risque de dispersion.
- Une intégration systémique des parties prenantes, favorisant la cohésion et l'adhésion collective.
- Une anticipation des impacts, garantissant que les solutions proposées restent pertinentes et alignées avec les enjeux sociétaux.

### Conclusion du Chapitre

Le système ©PSMI, en décomposant les projets en phases logiques et interdépendantes, offre une approche puissante pour gérer des projets complexes dans un environnement de plus en plus incertain. Combiné à l'intelligence heuristique et à la pensée systémique, il permet non seulement de structurer des initiatives ambitieuses, mais aussi de garantir leur succès en anticipant les obstacles et en maximisant les retombées positives. Dans les chapitres suivants, nous approfondirons l'application de cette méthodologie à des cas d'innovation de rupture, notamment dans des secteurs où les cycles courts et les contraintes extrêmes exigent une agilité sans précédent.

# Chapitre 3 : La Systémique Appliquée à la Gestion de Projets

La systémique, en tant qu'approche méthodologique, offre un cadre puissant pour comprendre et gérer les projets dans leur complexité. Contrairement aux approches traditionnelles qui se concentrent sur des éléments isolés, la systémique propose une vision d'ensemble qui tient compte des interactions et des relations entre les différentes parties d'un projet. Cette approche devient essentielle dans des contextes où les projets impliquent une multitude de variables interconnectées et où l'adaptabilité est cruciale pour réussir.

Dans ce chapitre, nous examinerons comment la pensée systémique peut transformer la gestion de projets, en se concentrant sur l'importance des interactions entre les parties prenantes, la gestion des risques, et la planification des ressources. Nous verrons également comment la systémique, couplée à la méthodologie ©PSMI et à l'intelligence heuristique, peut permettre de gérer l'innovation dans des environnements complexes et incertains.

## 1. La Systémique : Une Vision d'Ensemble

La pensée systémique repose sur l'idée que les systèmes sont plus que la somme de leurs parties. Elle s'intéresse aux relations, aux flux d'information, et aux rétroactions qui traversent un système, qu'il s'agisse d'un projet, d'une organisation ou d'une société. La systémique permet de voir un projet non seulement sous l'angle des tâches individuelles, mais aussi comme un ensemble d'interactions dynamiques qui influencent le succès global.

Exemple pratique (issu de l'Annexe II : La méthode ©PSMI). Dans un projet de développement d'infrastructure énergétique durable, les enjeux systémiques incluent la coordination entre les fournisseurs de matériaux, les régulations locales, les besoins des communautés, et les objectifs financiers. Par exemple, la planification des ressources ne se limite pas à la simple allocation de budgets, mais inclut l'analyse des impacts environnementaux et la gestion des parties prenantes locales.

## 2. Modèles d'Interaction et Dynamique des Parties Prenantes

Une des forces majeures de la pensée systémique est sa capacité à prendre en compte l'ensemble des parties prenantes impliquées dans un projet. Les parties prenantes sont des individus ou des groupes ayant un intérêt dans le projet, et leur gestion efficace est cruciale pour son succès. La systémique permet de comprendre comment ces parties prenantes interagissent et influencent les décisions à travers des boucles de rétroaction.

Exemple pratique (issu de l'Annexe IV : Cas prospectif du « Voyage jusqu'au centre de la Lune »). Lors d'un projet d'extraction lunaire, les interactions entre les agences spatiales, les entreprises privées, les gouvernements, et les communautés scientifiques doivent être optimisées pour garantir la réussite de l'opération. La phase Problématiques du ©PSMI, dans ce contexte, se concentre sur les enjeux de coordination et de communication entre ces différentes entités. Des mécanismes de rétroaction sont ensuite mis en place pour ajuster les stratégies en fonction des besoins et des ressources disponibles.

## 3. Gestion des Risques Systémiques

Un autre principe fondamental de la systémique est la gestion des risques, qui prend en compte non seulement les risques directs, mais aussi les effets en cascade ou les risques secondaires. Chaque décision prise dans un projet a des conséquences sur l'ensemble du système, et ces conséquences doivent être anticipées.

Exemple pratique (issu de l'Annexe VI : Les loupés de la gestion de projet). Dans le cadre d'un projet de construction d'infrastructures en zones sismiques, l'analyse systémique a permis de repérer les risques indirects liés à la disponibilité des matériaux dans des délais serrés, en tenant compte de la chaîne d'approvisionnement mondiale. En appliquant des principes systémiques, l'équipe a pu anticiper et réduire ces risques en mettant en place des solutions de stockage de matériaux en amont, réduisant ainsi les retards imprévus.

## 4. Planification Systémique des Ressources

La planification des ressources dans une approche systémique nécessite d'aller au-delà de la simple gestion des coûts, des équipes et des délais. Il s'agit d'assurer que les ressources sont allouées de manière optimale en tenant compte des interactions et des interdépendances entre les différentes parties du projet.

Exemple pratique (issu de l'Annexe II : La méthode ©PSMI). Dans un projet d'innovation technologique pour la transition énergétique, la phase Moyens de la méthode ©PSMI permet de structurer la planification des ressources en identifiant les synergies entre les différentes équipes. Par exemple, la collaboration entre les équipes de R&D, les spécialistes en logistique et les experts en gestion des risques permet d'optimiser la production tout en minimisant les coûts et en respectant les délais.

## 5. Les Boucles de Rétroaction et l'Adaptabilité dans la Systémique

Les boucles de rétroaction sont des éléments clés dans les systèmes dynamiques. Elles désignent des processus par lesquels les résultats d'une action ou d'une décision influencent à leur tour les processus futurs. Dans la gestion de projet, cela se traduit par la capacité à ajuster en temps réel les stratégies et les actions en fonction des informations nouvelles ou des résultats intermédiaires.

Exemple pratique (issu de l'Annexe VI : Les loupés de la gestion de projet). Lors d'un projet de développement de batteries solaires à grande échelle, les équipes ont intégré un système de rétroaction en temps réel qui permettait de tester les prototypes et d'ajuster les paramètres de conception en fonction des résultats. Cette approche systémique a permis de réduire le temps de développement et d'améliorer la performance des produits avant leur mise en production.

## Conclusion du Chapitre

La systémique transforme la gestion de projets en nous aidant à voir au-delà des tâches individuelles pour apprécier les relations et les interactions entre les différentes parties d'un projet. Cette approche est indispensable dans des contextes complexes, où les décisions doivent être prises en tenant compte des impacts à long terme. En intégrant la systémique avec des méthodologies comme ©PSMI et l'intelligence heuristique, nous pouvons non seulement répondre à des défis immédiats, mais aussi anticiper les évolutions futures et adapter nos stratégies en fonction des retours du système.

Dans les chapitres suivants, nous explorerons comment cette approche systémique peut être mise en pratique dans des projets de grande envergure, notamment dans l'exploration spatiale et l'innovation de rupture.

# Chapitre 4 : Structurer l'Innovation avec ©PSMI

L'innovation est un processus complexe qui nécessite une structuration claire, une vision à long terme, et la capacité à s'adapter aux défis inattendus. Le modèle ©PSMI (Problématiques, Solutions, Moyens, Impacts) fournit une méthodologie rigoureuse pour encadrer l'innovation de manière systémique et agile. Dans ce chapitre, nous explorerons comment ©PSMI peut être utilisé pour structurer l'innovation, en commençant par la phase de conceptualisation et d'idéation jusqu'à la mise en œuvre de solutions concrètes.

La structuration de l'innovation permet de transformer des idées créatives en solutions tangibles, en intégrant à la fois les objectifs stratégiques et les capacités techniques. Ce processus est particulièrement essentiel dans les projets de rupture, où l'inconnu et la nouveauté jouent un rôle majeur. Enrichir cette méthodologie avec une approche systémique et une intelligence heuristique permet d'ajuster constamment le projet en fonction des nouvelles données, des résultats intermédiaires, et des défis émergents.

## 1. La Phase de Conceptualisation : Identifier les Enjeux et Définir la Vision

La phase de conceptualisation de l'innovation est cruciale pour définir le cap du projet. C'est dans cette phase que les équipes de projet explorent les problématiques à résoudre, les besoins à satisfaire, et les objectifs à atteindre. Une réflexion approfondie sur la vision stratégique de l'entreprise ou de l'organisation permet de cibler les domaines d'innovation les plus pertinents. Cette phase s'appuie fortement sur l'intelligence heuristique, qui permet de formuler des solutions même lorsque l'on dispose de données incomplètes ou de peu d'informations.

Exemple pratique (issu de l'Annexe IV : Cas prospectif du « Voyage jusqu'au centre de la Lune ») Dans le cadre d'un projet de création d'une base lunaire, les problématiques initiales étaient nombreuses :

* Comment créer un habitat autonome et durable dans un environnement extrême ?
* Quelles technologies de forage sont adaptées à la surface lunaire pour extraire les ressources nécessaires ?
* Comment minimiser le transport des matériaux depuis la Terre ?

En appliquant la méthode ©PSMI, l'équipe a pu définir des priorités et commencer à explorer des solutions alternatives. L'intelligence heuristique a permis de formuler des idées novatrices, comme l'utilisation de régolithe lunaire pour fabriquer des structures et des matériaux, plutôt que de tout importer depuis la Terre.

## 2. L'Émergence des Solutions : Créer et Sélectionner les Idées Innovantes

La phase Solutions est l'étape où l'on génère et évalue des solutions potentielles aux problématiques identifiées. Elle nécessite une forte capacité créative pour explorer des alternatives non conventionnelles. L'IH joue ici un rôle déterminant, en permettant aux équipes de penser au-delà des solutions déjà existantes et d'imaginer des réponses radicalement nouvelles.

Exemple pratique (issu de l'Annexe II : La méthode ©PSMI). Dans un projet de développement de batteries solaires haute performance, plusieurs solutions ont été envisagées :

- Amélioration des matériaux existants pour augmenter leur capacité de stockage.
- Utilisation de nouvelles technologies de stockage d'énergie, comme les batteries à sodium-ion.
- Exploration de modèles hybrides combinant panneaux solaires et stockage par hydrogène.

Grâce à la méthodologie ©PSMI, chaque solution a été évaluée selon des critères d'efficacité, de coût, et de durabilité. En prenant en compte les retours des équipes et des parties prenantes, la solution hybride a été sélectionnée pour sa flexibilité et sa capacité à s'adapter à différents types d'infrastructures.

## 3. Planification des Moyens : Allouer les Ressources et Mettre en Œuvre

La phase Moyens consiste à définir les ressources nécessaires pour mettre en œuvre les solutions choisies. Cela inclut les ressources humaines, financières, technologiques, et matérielles. La planification des moyens ne se limite pas à une simple allocation de ressources, elle doit aussi tenir compte des délais, des risques occurrenciels et de l'évolution des technologies au fil du temps.

Exemple pratique (issu de l'Annexe III : Analyse de la valeur). Dans un projet de déploiement de réseaux intelligents pour la gestion de l'énergie, la phase Moyens a impliqué l'évaluation des équipements nécessaires pour intégrer les technologies de capteurs IoT dans les infrastructures existantes. En appliquant une analyse de la valeur, l'équipe a pu réduire les coûts d'installation de 15 % en choisissant des capteurs plus abordables, tout en garantissant leur efficacité à long terme grâce à une intégration progressive.

L'allocation des ressources humaines a également été ajustée, avec des équipes multidisciplinaires chargées de piloter l'intégration des nouvelles technologies et de former les opérateurs à leur utilisation.

## 4. Mesurer les Impacts : Analyser les Retombées et Ajuster les Stratégies

La phase Impacts de ©PSMI permet de mesurer les résultats obtenus après l'implémentation des solutions. Elle évalue les effets à court, moyen et long terme, non seulement en termes de performance technique et économique, mais aussi sur les aspects environnementaux, sociaux et éthiques. Cette phase repose sur des outils de suivi et de contrôle permettant d'ajuster les actions en fonction des retours obtenus.

Exemple pratique (issu de l'Annexe VI : Les loupés de la gestion de projet). Dans un projet de déploiement de solutions d'éclairage public intelligent, l'impact initial n'a pas été mesuré correctement, ce qui a conduit à un faible taux d'adoption par la population locale. Après avoir réévalué les impacts, une stratégie d'implication communautaire a été mise en place pour sensibiliser les usagers et les décideurs locaux. Cela a permis d'augmenter l'adoption du système de 30 % en six mois, avec des résultats mesurables en termes d'économie d'énergie et de satisfaction des utilisateurs.

# 5. Intégrer ©PSMI dans les Projets de Rupture : L'Innovation Durable

Lorsque l'innovation est radicale, la capacité à s'adapter et à réévaluer les solutions devient essentielle. Le modèle ©PSMI, avec ses boucles de rétroaction continues et sa capacité à intégrer des ajustements rapides, est particulièrement bien adapté aux projets d'innovation de rupture. Cette méthode permet de naviguer dans des environnements où les changements sont rapides et où les risques sont élevés.

Les innovations de rupture, comme celles rencontrées dans les secteurs des énergies renouvelables, de l'exploration spatiale, ou de la biotechnologie, nécessitent des processus itératifs d'ajustement et de validation. ©PSMI offre un cadre pour structurer ces ajustements tout en maintenant une vision claire des objectifs à atteindre.

## Conclusion du Chapitre

Structurer l'innovation avec ©PSMI permet de transformer des idées novatrices en actions concrètes et mesurables. En appliquant cette méthodologie, les équipes sont en mesure de clarifier les défis, de concevoir des solutions adaptées, d'allouer efficacement les ressources, et de mesurer les résultats. Cette approche systémique garantit que chaque projet d'innovation soit non seulement viable, mais aussi durable et éthique.

Dans le chapitre suivant, nous examinerons comment la méthode ©PSMI peut être appliquée dans des projets d'exploration spatiale et d'extraction lunaire, où les enjeux d'innovation sont particulièrement élevés et complexes.

# Chapitre 5 : La Congruence Conceptuelle et l'Indice de Congruence Conceptuel (ICC)

L'innovation radicale et l'implémentation de nouveaux projets, qu'ils soient technologiques, industriels ou sociaux, nécessitent un alignement clair entre la vision des créateurs, des équipes, et des décideurs. Cela se traduit par une compréhension partagée des objectifs, des solutions proposées et des impacts attendus. La congruence conceptuelle, notion centrale dans ce chapitre, est le processus par lequel toutes les parties prenantes d'un projet partagent une vision commune et s'engagent vers des objectifs collectifs, tout en intégrant la prise de décision dans un cadre éthique et durable.

Le Concept de Congruence et l'Indice de Congruence Conceptuel (ICC) représentent des outils puissants pour mesurer cette harmonie entre les différentes perceptions et attentes des parties prenantes. Comprendre et intégrer ces principes dans un projet d'innovation est essentiel pour garantir la réussite et l'adhésion à long terme. À travers ce chapitre, nous approfondirons ces concepts et leur application pratique dans la gestion de projets complexes.

## 1. La Notion de Congruence en Innovation

La congruence est la correspondance exacte entre l'expérience d'une innovation et la prise de conscience de cette innovation comme une valeur partagée au sein du groupe. Dans le cadre d'un projet d'innovation, il est primordial que les idées des concepteurs soient comprises et acceptées par les décideurs, les utilisateurs finaux et toutes les parties prenantes. Une mauvaise congruence peut entraîner des malentendus, des erreurs d'interprétation et, en fin de compte, l'échec du projet.

Exemple pratique (issu de l'Annexe VI : Les loupés de la gestion de projet). Dans un projet de déploiement de solutions d'énergie solaire en Afrique, les concepteurs de la technologie ont eu une vision ambitieuse d'électrification durable. Cependant, la congruence n'était pas atteinte avec les communautés locales, qui manquaient de formation pour maintenir ces technologies. Ce manque de partage de la vision a conduit à un faible taux d'adoption de l'innovation. Après avoir réévalué le projet et intégré des sessions de formation communautaire, la congruence a été rétablie, permettant ainsi une adoption accrue et une durabilité du projet.

## 2. L'Indice de Congruence Conceptuel (ICC) : Mesurer l'Alignement

L'Indice de Congruence Conceptuel (ICC) est un outil conçu pour mesurer le degré de correspondance entre les perceptions des différentes parties prenantes concernant un projet ou une innovation.

Cet indice évalue dans quelle mesure les concepteurs d'un projet, les décideurs, et les utilisateurs partagent une compréhension et une vision communes du projet et de ses résultats. L'ICC est donc un indicateur clé dans la gestion de l'adhésion et du succès d'un projet d'innovation.

Exemple pratique (issu de l'Annexe IV : Cas prospectif du « Voyage jusqu'au centre de la Lune »). Dans le projet d'exploration lunaire, l'ICC a été utilisé pour mesurer l'alignement des équipes de conception, des agences spatiales, et des décideurs gouvernementaux. Les équipes techniques avaient une vision très technique de l'exploration, centrée sur les défis scientifiques. Cependant, les décideurs politiques se concentraient davantage sur les retombées économiques et l'acceptabilité du public. L'ICC a permis d'ajuster les stratégies de communication pour mieux aligner ces visions et assurer le soutien nécessaire à tous les niveaux.

## 3. L'Importance de la Congruence Conceptuelle dans les Projets d'Innovation

Une fois que la congruence conceptuelle est assurée, les projets d'innovation bénéficient d'un environnement où chaque acteur comprend son rôle et l'importance de ses contributions. Cela augmente la productivité, réduit les conflits et garantit une cohésion qui stimule l'innovation.

Exemple pratique (issu de l'Annexe II : La méthode ©PSMI). Lors d'un projet de développement de batteries à haute performance pour véhicules électriques, la phase Solutions a permis de formuler plusieurs idées novatrices. Cependant, des divergences sont apparues entre les ingénieurs, qui voulaient intégrer des technologies complexes, et les équipes commerciales, qui privilégiaient une solution plus accessible pour le marché. Grâce à un travail d'alignement mené sur la base de l'ICC, une solution a émergé qui conciliait les deux visions, augmentant ainsi l'acceptation du projet dans son ensemble et permettant de mieux répondre aux attentes des utilisateurs.

## 4. Le Rôle de l'ICC dans la Résolution de Conflits et l'Amélioration de l'Engagement

L'ICC n'est pas seulement utile pour mesurer l'alignement, il est aussi un outil clé pour résoudre les conflits entre les parties prenantes et améliorer l'engagement collectif. Lorsque l'ICC révèle des divergences majeures entre les attentes des parties prenantes, il devient essentiel d'engager un dialogue pour rapprocher les visions et ajuster les stratégies. Ce processus contribue à renforcer la confiance et l'adhésion des parties prenantes tout au long du projet.

Exemple pratique (issu de l'Annexe III : Analyse de la valeur). Dans un projet de gestion de déchets plastiques en milieu marin, des divergences sont apparues entre les ONG environnementales, les autorités locales et les entreprises responsables du recyclage. L'ICC a permis de clarifier les attentes de chaque groupe et de mettre en place des ajustements dans les objectifs du projet, assurant ainsi la coopération de tous les acteurs. Le projet a non seulement amélioré la qualité de l'environnement mais a aussi eu un impact direct sur les communautés locales, grâce à une meilleure compréhension des enjeux partagés.

## 5. Application de l'ICC dans les Projets de Rupture

Dans les projets de rupture, où l'innovation implique souvent de sortir des sentiers battus, l'ICC joue un rôle crucial pour garantir que chaque acteur clé est pleinement engagé dans le processus. Les projets d'exploration spatiale, les transitions énergétiques et les projets en intelligence artificielle bénéficient tous de l'application de cet indice pour s'assurer que les divergences ne freinent pas l'innovation mais au contraire, la renforcent en permettant une révision et un alignement constants.

Exemple pratique (issu de l'Annexe VI : Les loupés de la gestion de projet). Dans un projet de transition énergétique mondiale, la congruence a été mesurée entre les différentes parties prenantes : gouvernements, entreprises privées, et communautés locales. Initialement, les attentes étaient mal comprises, ce qui a retardé la mise en œuvre du projet. L'utilisation de l'ICC a permis de redéfinir les attentes et de renforcer la collaboration, en assurant une meilleure répartition des ressources et des bénéfices, garantissant ainsi une adoption plus large et plus rapide des solutions proposées.

## Conclusion du Chapitre

La congruence conceptuelle et l'Indice de Congruence Conceptuel (ICC) sont des éléments essentiels dans la gestion de projets d'innovation. En mesurant et en ajustant les perceptions des différentes parties prenantes, ces outils permettent de renforcer la cohésion, de réduire les conflits, et d'assurer une meilleure efficacité dans la mise en œuvre des projets. Grâce à une compréhension partagée et une communication renforcée, l'ICC devient un levier stratégique pour maximiser l'impact des innovations, qu'elles soient sociales, technologiques ou industrielles.

Dans le chapitre suivant, nous explorerons comment l'application de ces principes dans des projets à grande échelle, comme l'exploration lunaire ou la transition énergétique, permet de réussir des projets de rupture tout en garantissant leur acceptation et leur durabilité à long terme.

# Chapitre 6 : Étude de Cas – Projets Environnementaux et Innovation Systémique

Les projets environnementaux, qu'ils soient liés à la gestion des ressources naturelles, à la transition énergétique ou à la réduction de l'empreinte carbone, sont devenus des priorités mondiales. Ces projets, souvent de grande envergure et à fort impact, requièrent une gestion innovante et systémique, capable d'intégrer des dimensions multiples — sociales, économiques, écologiques et technologiques. La méthodologie ©PSMI, en offrant une approche structurée et flexible, se révèle être un outil puissant pour conduire ces projets vers le succès.

Dans ce chapitre, nous analyserons plusieurs études de cas de projets environnementaux, en montrant comment la méthode ©PSMI, combinée à une approche systémique et à l'intelligence heuristique, a permis de surmonter les défis complexes auxquels ces projets ont été confrontés. Ces exemples concrets illustreront l'application de la méthode ©PSMI dans des contextes réels et montreront les leçons tirées de chaque expérience.

## 1. Projets de Transition Énergétique : Vers une Durabilité Accélérée

La transition énergétique est un domaine clé dans lequel l'innovation est indispensable. Les projets visant à remplacer les énergies fossiles par des énergies renouvelables nécessitent une gestion rigoureuse des problématiques liées à la production, au stockage, et à la distribution de l'énergie. L'application de ©PSMI dans ce contexte permet de structurer les enjeux, de proposer des solutions innovantes et d'évaluer les impacts à long terme.

Exemple pratique (issu de l'Annexe II : La méthode ©PSMI). Dans un projet de transition énergétique pour une ville européenne, l'objectif était de réduire la dépendance aux combustibles fossiles et de mettre en place des infrastructures de production d'énergie renouvelable, notamment des panneaux solaires et des éoliennes.

- Problématiques : Les contraintes incluaient le financement de l'infrastructure, la gestion des risques climatiques, et l'intégration des énergies renouvelables dans un réseau énergétique existant.
- Solutions : Les solutions proposées incluaient la combinaison d'énergies solaire et éolienne, complétées par des systèmes de stockage d'énergie pour garantir la continuité de l'approvisionnement.
- Moyens : L'allocation des ressources s'est faite grâce à des partenariats publics-privés, et un financement participatif a permis d'engager la communauté locale.

- Impacts : Le projet a non seulement permis une réduction de 30 % des émissions de CO2 de la ville, mais a également créé de nouveaux emplois dans la gestion des énergies renouvelables.

## 2. Projets de Conservation des Ressources Naturelles : Une Gestion Durable et Collaborative

La gestion des ressources naturelles, telles que l'eau, les forêts, ou les sols, est au cœur de nombreux projets environnementaux. L'application de ©PSMI dans ce type de projet permet de coordonner les efforts entre les parties prenantes (gouvernements, ONG, communautés locales) et de créer des solutions durables qui respectent les équilibres écologiques.

Exemple pratique (issu de l'Annexe IV : Cas prospectif du « Voyage jusqu'au centre de la Lune »). Dans un projet de gestion durable de l'eau pour une région aride en Afrique, les problématiques étaient liées à la rareté de l'eau, à la pollution des nappes phréatiques, et aux tensions sociales liées à l'accès à l'eau.

- Problématiques : La pénurie d'eau et l'infrastructure vétuste rendaient la gestion de l'eau difficile.

- Solutions : Le projet a intégré des solutions innovantes, telles que l'utilisation de systèmes de filtration à faible coût et la récupération de l'eau de pluie dans des réservoirs communautaires.
- Moyens : Des ateliers de formation ont été organisés pour les communautés locales afin de les sensibiliser à la gestion durable de l'eau. Des subventions ont été obtenues via des collaborations avec des organisations internationales.
- Impacts : Le projet a permis d'améliorer l'accès à l'eau pour plus de 10 000 personnes, réduisant de 40 % la dépendance aux sources d'eau extérieures et contribuant à une meilleure gestion des ressources locales.

## 3. L'Utilisation de l'Intelligence Heuristique dans l'Innovation Environnementale

L'intelligence heuristique (IH) est particulièrement utile dans la gestion des projets environnementaux, car elle permet de générer des solutions créatives et adaptatives face à des défis complexes. En utilisant l'IH pour reformuler les problématiques, les équipes peuvent rapidement trouver des réponses nouvelles, même avec des informations limitées.

Exemple pratique (issu de l'Annexe III : Analyse de la valeur). Dans un projet de réduction des déchets plastiques dans une grande ville asiatique, l'application de l'IH a permis de reconsidérer l'approche traditionnelle du recyclage. Au lieu de se concentrer uniquement sur la collecte et le recyclage, les équipes ont exploré la possibilité de transformer les déchets plastiques en nouveaux matériaux de construction, comme des briques et des panneaux.

- Problématiques : Le recyclage traditionnel était coûteux et difficile à mettre en œuvre à grande échelle.
- Solutions : L'utilisation de technologies avancées, comme l'impression 3D et la pyrolyse, a permis de transformer les plastiques en matériaux de construction.
- Moyens : Les ressources nécessaires ont été réunies grâce à un financement participatif et à des subventions gouvernementales.
- Impacts : Cette solution innovante a non seulement réduit les déchets plastiques de 50 % mais a également fourni un nouveau matériau de construction pour des projets à faible coût dans les communautés à faibles revenus.

## 4. L'Innovation Systémique dans la Gestion des Risques Environnementaux

Les risques environnementaux, qu'ils soient liés aux changements climatiques, à la perte de biodiversité ou à la pollution, nécessitent des stratégies innovantes et adaptées. La systémique permet de comprendre les interactions entre ces risques et de mettre en place des solutions qui minimisent leurs effets à long terme.

Exemple pratique (issu de l'Annexe VI : Les loupés de la gestion de projet). Dans un projet de gestion des risques liés aux inondations dans une grande métropole, l'utilisation de la systémique a permis de prendre en compte non seulement les infrastructures mais aussi les comportements humains, comme l'urbanisation excessive et le manque de gestion des eaux pluviales.

- Problématiques : La construction de bâtiments dans des zones inondables et l'absence de système de drainage efficace étaient des causes principales des inondations.
- Solutions : Une approche systémique a permis de redéfinir les zones de construction, d'installer des systèmes de drainage intelligents, et de sensibiliser la population à l'importance de la gestion des eaux pluviales.
- Moyens : Le projet a mobilisé des financements publics et privés pour réhabiliter les infrastructures urbaines et construire des systèmes de drainage adaptés aux nouvelles conditions climatiques.
- Impacts : Le projet a permis de réduire les pertes économiques liées aux inondations de 40 % et a amélioré la résilience de la ville face aux événements climatiques extrêmes.

# Conclusion du Chapitre

Les projets environnementaux sont des exemples parfaits de la manière dont l'innovation systémique et la méthodologie ©PSMI peuvent transformer des défis complexes en opportunités concrètes. En adoptant une approche intégrée, ces projets non seulement résolvent des problèmes immédiats mais contribuent également à un avenir plus durable. Grâce à l'application de l'intelligence heuristique et à une gestion systémique des ressources et des impacts, les équipes sont en mesure de répondre efficacement aux enjeux environnementaux actuels tout en préparant les générations futures à un monde plus résilient.

Dans les chapitres suivants, nous approfondirons l'application de ces principes à d'autres projets d'innovation de rupture, notamment dans l'exploration spatiale et l'extraction lunaire, où les défis sont encore plus grands mais les opportunités encore plus vastes.

# Chapitre 7 : La Vision de l'Ingénieur Visionnaire – L'Inspiration de Jules Verne

L'ingénierie visionnaire, souvent portée par des esprits créatifs capables d'imaginer des solutions avant-gardistes, a toujours joué un rôle déterminant dans les progrès technologiques. L'une des figures les plus emblématiques de cette vision est Jules Verne, dont les œuvres ont non seulement anticipé des inventions futures, mais ont aussi inspiré des générations d'ingénieurs et de scientifiques à repousser les limites de l'impossible. Dans ce chapitre, nous explorerons l'impact de l'œuvre de Verne sur la pensée technologique moderne, en mettant particulièrement l'accent sur son roman L'Île mystérieuse, et comment cette œuvre a influencé l'approche de l'ingénierie pour des projets de rupture comme l'exploration spatiale et l'extraction lunaire.

L'ingénierie inspirée par Verne n'est pas seulement une exploration des possibilités techniques, mais aussi une réflexion profonde sur l'éthique, la responsabilité et la durabilité dans les grandes entreprises humaines. Ce chapitre cherche à relier l'imaginaire visionnaire de Verne à la réalité de l'innovation systémique moderne, tout en soulignant l'importance de la créativité dans l'ingénierie contemporaine.

# 1. Jules Verne : Un Ingénieur du Futur Avant l'Heure

Jules Verne a su anticiper, avec une étonnante précision, des inventions et des explorations qui deviendraient réalité bien après sa mort. Dans L'Île mystérieuse, il décrit des ingénieurs et des inventeurs capables de créer des technologies avancées avec les ressources limitées d'une île déserte. Verne a inventé des engins de transport sous-marins, des aéronefs, et même des machines de forage, souvent des décennies avant leur véritable apparition.

L'ingénierie décrite dans L'Île mystérieuse repose sur des principes qui résonnent profondément avec les défis actuels de l'innovation, où l'ingéniosité humaine, combinée à des ressources naturelles locales, permet de surmonter des contraintes apparentes. Ce roman illustre une vision de l'ingénierie non seulement technique, mais aussi profondément humaine, qui a inspiré des projets modernes, notamment dans des domaines comme l'exploration spatiale et l'exploitation des ressources extraterriennes.

Exemple pratique (issu de l'Annexe IV : Cas prospectif du « Voyage jusqu'au centre de la Lune »). Le capitaine Nemo, personnage clé de L'Île mystérieuse, incarne l'idéal de l'ingénieur visionnaire capable d'utiliser les ressources disponibles pour créer des technologies de pointe. De la même manière, dans un projet d'extraction de ressources lunaires, l'« ingénieur visionnaire » doit faire face à des contraintes de matériaux et de ressources, tout en créant des solutions innovantes pour répondre aux besoins des missions spatiales.

## 2. La Méthode de Nemo : L'Ingénierie au Service de l'Environnement

Ce qui distingue la vision de Jules Verne, et en particulier du capitaine Nemo, c'est l'utilisation des technologies pour servir un objectif plus grand que la simple exploration ou profit économique : l'environnement. Nemo, à bord du Nautilus, utilise des technologies avancées pour explorer les océans tout en maintenant un respect profond de l'environnement marin.

Dans le contexte moderne, cette approche devient essentielle, notamment dans des projets comme l'exploration lunaire ou l'exploitation des ressources spatiales, où la durabilité et l'éthique sont au cœur des préoccupations. Les solutions proposées par Nemo dans L'Île mystérieuse sont un modèle d'ingénierie durable, utilisant les ressources locales sans nuire à l'écosystème.

Exemple pratique (issu de l'Annexe III : Analyse de la valeur). Lors d'un projet d'implantation d'infrastructures pour la gestion de ressources lunaires, l'ingénierie doit intégrer des processus écologiques, par exemple en utilisant des matériaux extraits sur place pour minimiser les effets négatifs de la logistique interplanétaire. En utilisant des technologies innovantes pour recycler et réutiliser les matériaux lunaires, on répond aux problématiques d'efficacité énergétique et d'utilisation responsable des ressources.

## 3. Innovation de Rupture : De la Fiction à la Réalité

L'imaginaire de Jules Verne, loin d'être une simple fantaisie, a servi de point de départ pour de nombreuses innovations de rupture dans des domaines aussi variés que les transports, la communication, et l'exploration scientifique. Ses visions ont inspiré des ingénieurs, des scientifiques, et des entrepreneurs à penser différemment et à explorer des solutions radicalement nouvelles.

Dans le domaine de l'exploration spatiale et de l'extraction lunaire, nous assistons aujourd'hui à des projets qui, bien que semblant sortir de l'imaginaire de Verne, sont en train de se réaliser. Les missions spatiales modernes, comme celles de la NASA, SpaceX et d'autres, utilisent des technologies qui rappellent celles imaginées par Verne, mais avec un réalisme technologique qui n'existait pas de son temps.

Exemple pratique (issu de l'Annexe IV : Cas prospectif du « Voyage jusqu'au centre de la Lune »). Les technologies actuelles pour l'exploration lunaire, telles que les véhicules lunaires autonomes ou les habitats autosuffisants pour les astronautes, trouvent des échos directs dans les inventions de L'Île mystérieuse. L'idée de construire des infrastructures autonomes avec des ressources locales est une application directe de la vision de Verne, aujourd'hui rendue possible par des progrès en robotique, en matériaux composites, et en énergie renouvelable.

## 4. L'Ingénieur Visionnaire Aujourd'hui : Inspiration et Application

Aujourd'hui, le rôle de l'ingénieur visionnaire n'a jamais été aussi pertinent. Les défis actuels – qu'ils soient technologiques, environnementaux ou sociaux – exigent des solutions créatives, disruptives, et durables. Les projets d'exploration spatiale, la transition énergétique, ou l'utilisation des ressources naturelles sur d'autres planètes, sont autant de domaines où l'innovation doit être guidée par une vision à long terme.

L'ingénierie aujourd'hui doit non seulement répondre aux exigences techniques, mais aussi intégrer des valeurs de durabilité et d'éthique. La méthode ©PSMI, combinée à l'intelligence heuristique et à la systémique, offre une approche robuste pour atteindre ces objectifs.

Exemple pratique (issu de l'Annexe II : La méthode ©PSMI). Lors de la mise en place de la première station de production d'hydrogène sur Mars, un ingénieur, à l'image de Nemo, pourrait tirer parti des ressources locales (regolithe martien) pour produire de l'hydrogène, tout en intégrant une approche systémique pour minimiser les risques d'atteinte à l'environnement martien. La phase Solutions de la méthode ©PSMI pourrait explorer l'utilisation de la photosynthèse artificielle pour produire de l'oxygène et du carburant de manière autonome, en respectant les principes de durabilité.

## Conclusion du Chapitre

L'ingénierie visionnaire, inspirée par des figures comme Jules Verne, continue de jouer un rôle clé dans les projets d'innovation de rupture aujourd'hui. Sa capacité à imaginer des solutions à la fois radicales et respectueuses de l'environnement est essentielle pour relever les défis mondiaux et interplanétaires du XXIe siècle. En intégrant la méthodologie ©PSMI, la systémique et l'intelligence heuristique, nous pouvons transformer des idées visionnaires en solutions concrètes et durables, en alliant la créativité humaine à la rigueur technique.

Dans le chapitre suivant, nous explorerons l'application de ces concepts dans des projets d'extraction lunaire et d'autres initiatives spatiales, où les idées visionnaires de Verne trouvent un écho dans les réalités scientifiques modernes.

# Chapitre 8 : L'Étude d'Extraction Lunaire et les Défis de l'Innovation Systémique

L'extraction de ressources sur la Lune est l'un des défis technologiques et scientifiques les plus audacieux du XXIe siècle. Envisagée comme une étape clé dans l'expansion de l'humanité au-delà de la Terre, elle ouvre de nouvelles perspectives dans les domaines économiques, environnementaux et technologiques. Ce chapitre explore les enjeux systémiques d'un projet d'extraction lunaire, en mettant en lumière les complexités, les interactions et les interdépendances entre les différentes composantes d'un tel projet.

L'innovation systémique, combinée à la méthodologie ©PSMI, offre un cadre structuré pour relever ces défis. En intégrant une pensée globale et en anticipant les impacts à long terme, cette approche permet de planifier des projets ambitieux tout en minimisant les risques et en maximisant les bénéfices. Ce chapitre mettra en évidence les étapes clés et les solutions envisageables pour surmonter les défis spécifiques liés à l'extraction lunaire.

## 1. Les Enjeux Scientifiques et Technologiques

L'extraction lunaire pose des défis uniques liés à l'environnement extrême de la Lune. L'absence d'atmosphère, la gravité réduite, et les variations extrêmes de température sont autant de facteurs qui influencent la conception des technologies et des infrastructures nécessaires.

Problématiques :

- Accès aux ressources : Le régolithe lunaire contient des éléments précieux tels que l'hélium-3, les oxydes métalliques, et des minéraux rares. Cependant, leur extraction nécessite des technologies adaptées.
- Autonomie des infrastructures : Les systèmes doivent être conçus pour fonctionner sans maintenance humaine directe pendant de longues périodes.
- Énergie : Le besoin d'alimenter les opérations dans un environnement sans atmosphère requiert des sources d'énergie fiables, comme l'énergie solaire ou la fission nucléaire.

Exemple pratique (issu de l'Annexe IV : Cas prospectif du « Voyage jusqu'au centre de la Lune »). Un prototype de rover lunaire développé pour collecter du régolithe utilise des capteurs avancés et une intelligence artificielle embarquée pour s'adapter aux conditions imprévues de la surface lunaire. Ce type d'innovation, développé dans la phase Solutions de ©PSMI, illustre comment les contraintes environnementales peuvent être surmontées grâce à des approches systémiques et heuristiques.

## 2. Les Enjeux Économiques et Financiers

L'extraction lunaire soulève des questions sur sa viabilité économique et son intégration dans les marchés terrestres. Les coûts initiaux, incluant le développement technologique, le lancement et l'installation des infrastructures lunaires, sont considérables.

Problématiques :

- Modèle économique : Comment rentabiliser les investissements initiaux ? Quels marchés peuvent être développés à partir des ressources lunaires (hélium-3 pour la fusion nucléaire, matériaux pour l'impression 3D spatiale, etc.) ?
- Partenariats public-privé : L'implication des agences spatiales, des entreprises privées et des gouvernements est essentielle pour partager les risques financiers.
- Économies d'échelle : La réduction des coûts dépend de la standardisation des technologies et de leur réutilisation dans d'autres missions spatiales.

Solutions envisagées :

- Investissements collaboratifs : Des consortiums internationaux peuvent être formés pour financer et exploiter les infrastructures lunaires.

- Marchés terrestres : Les ressources lunaires, comme l'hélium-3, pourraient alimenter la recherche sur la fusion nucléaire, offrant un potentiel économique à long terme.

## 3. Les Enjeux Environnementaux et Éthiques

L'extraction lunaire, bien que réalisée dans un environnement éloigné, soulève des préoccupations éthiques et environnementales importantes.

Problématiques :

- Impacts sur la surface lunaire : Comment minimiser les perturbations causées par les activités humaines sur un corps céleste qui a une valeur scientifique et culturelle immense ?
- Gestion des déchets spatiaux : Les infrastructures lunaires et les véhicules doivent être conçus pour réduire les déchets produits.
- Responsabilité interplanétaire : Qui est responsable des ressources lunaires ? Quelles régulations internationales doivent être mises en place pour éviter leur exploitation abusive ?

Exemple pratique (issu de l'Annexe VI : Les loupés de la gestion de projet). Dans un projet d'exploration lunaire antérieur, un échec dans la gestion des déchets a conduit à la contamination d'une région proche du site d'atterrissage. En appliquant une réflexion systémique et en intégrant des pratiques responsables dès la phase Problématiques de ©PSMI, de nouvelles normes peuvent être définies pour garantir la durabilité des missions futures.

## 4. L'Innovation Systémique comme Réponse aux Défis

L'approche systémique est indispensable pour gérer les interconnexions complexes entre les différents aspects d'un projet d'extraction lunaire. En tenant compte des interactions entre les infrastructures, les ressources énergétiques, les marchés et les régulations, la systémique permet de planifier des missions cohérentes et durables.

Lien avec ©PSMI :

* La phase Problématiques identifie les défis à résoudre, en tenant compte des impacts à long terme.
* La phase Solutions explore des approches interdisciplinaires, comme l'utilisation de matériaux locaux pour réduire les besoins en transport.
* La phase Moyens intègre les aspects financiers, technologiques et humains pour garantir la faisabilité des solutions.
* La phase Impacts mesure les retombées scientifiques, économiques et environnementales du projet.

# 5. Vers une Économie Spatiale Responsable

L'extraction lunaire s'inscrit dans une vision plus large de l'économie spatiale, où l'objectif n'est pas seulement de maximiser les profits, mais aussi de garantir une exploration responsable et éthique.

Exemple pratique (issu de l'Annexe II : La méthode ©PSMI). Dans un projet de construction d'une base lunaire, une approche basée sur ©PSMI a permis d'intégrer les préoccupations environnementales dès la conception. Par exemple, des technologies de recyclage des matériaux lunaires ont été développées pour limiter les perturbations de la surface et créer un cycle fermé pour les ressources utilisées.

## Conclusion du Chapitre

L'extraction lunaire, en tant que projet d'avant-garde, illustre parfaitement les défis et les opportunités de l'innovation systémique. En appliquant la méthodologie ©PSMI, il est possible de structurer ces projets de manière à répondre aux problématiques scientifiques, économiques, et éthiques, tout en garantissant une exploitation durable des ressources lunaires.

Ce chapitre met en lumière l'importance d'une approche systémique et rigoureuse dans des projets où les enjeux technologiques et humains se mêlent. Dans le chapitre suivant, nous examinerons comment appliquer concrètement ©PSMI aux différentes phases d'un projet d'extraction lunaire, en détaillant les outils et processus nécessaires pour assurer son succès.

## Chapitre 9 : Mise en Pratique – Méthodologie ©PSMI dans l'Exploration Lunaire

L'application de la méthodologie ©PSMI (Problématiques, Solutions, Moyens, Impacts) dans un projet d'extraction lunaire met en lumière la capacité de cette approche à structurer les phases d'un projet complexe, tout en garantissant une gestion optimisée des ressources et une anticipation des impacts. Ce chapitre détaille comment les différentes étapes de ©PSMI peuvent être appliquées à un projet lunaire, en s'appuyant sur des scénarios prospectifs et des technologies émergentes.

La Lune, avec ses ressources uniques comme le régolithe ou l'hélium-3, est devenue un laboratoire grandeur nature pour tester des concepts d'innovation systémique et des approches méthodologiques qui pourraient également être appliquées à d'autres environnements extrêmes, comme Mars ou les astéroïdes. ©PSMI offre ici un cadre pour naviguer dans cette complexité et transformer une idée visionnaire en un projet réalisable et durable.

## 1. Phase 1 : Problématiques – Identifier les Défis

La première étape de la méthode ©PSMI consiste à identifier les problématiques majeures auxquelles le projet fait face. Dans le cas de l'extraction lunaire, ces problématiques sont liées à :

- L'environnement lunaire : gravité réduite, températures extrêmes, absence d'atmosphère.
- L'accès aux ressources : localisation des gisements de régolithe et d'hélium-3.
- La logistique : transport des équipements depuis la Terre et retour des matériaux extraits.

Exemple pratique (issu de l'Annexe IV : Cas prospectif du « Voyage jusqu'au centre de la Lune »). Une des problématiques identifiées dans ce scénario était la protection des équipements face aux radiations solaires. Une analyse systémique a permis de prioriser le développement de boucliers protecteurs en régolithe lunaire, réduisant ainsi les coûts de transport et maximisant l'autonomie des infrastructures.

## 2. Phase 2 : Solutions – Imaginer des Réponses Innovantes

Dans la phase Solutions, l'objectif est de générer des idées novatrices pour répondre aux problématiques identifiées. Cette étape repose sur la créativité et l'intelligence heuristique pour explorer des approches disruptives.

Solutions explorées :

- Robots autonomes : Développement de rovers capables de collecter, trier et traiter le régolithe sur place.

- Énergie durable : Installation de panneaux solaires lunaires ou utilisation de mini-réacteurs nucléaires pour alimenter les opérations.
- Impression 3D en régolithe : Utilisation de matériaux locaux pour construire des infrastructures sur la Lune, comme des habitats ou des silos de stockage.

Exemple pratique (issu de l'Annexe III : Analyse de la valeur). Une équipe a proposé l'utilisation de robots modulaires capables de collaborer. Cette solution a permis de réduire les coûts liés au transport de technologies redondantes, tout en augmentant la flexibilité opérationnelle grâce à la reprogrammation des modules en fonction des besoins.

## 3. Phase 3 : Moyens – Planifier les Ressources

La phase Moyens se concentre sur l'allocation et la mobilisation des ressources nécessaires pour mettre en œuvre les solutions choisies. Dans un projet lunaire, cela inclut :

- Ressources technologiques : Développement de technologies résistantes aux conditions lunaires.

- Ressources humaines : Collaboration entre agences spatiales, entreprises privées, et experts interdisciplinaires.
- Ressources financières : Répartition des coûts entre partenaires publics et privés.

Exemple pratique (issu de l'Annexe II : La méthode ©PSMI). Dans un projet de mine lunaire, l'allocation des moyens a inclus le choix de partenariats internationaux pour mutualiser les infrastructures. Une analyse des coûts a conduit à la mise en œuvre de systèmes réutilisables, comme des modules de transport capables de fonctionner à la fois comme habitat temporaire et comme cargo.

## 4. Phase 4 : Impacts – Mesurer les Résultats et Anticiper les Retombées

L'étape Impacts vise à évaluer les résultats obtenus et les répercussions à court et long terme du projet, que ce soit sur le plan technologique, économique ou environnemental.

Impacts envisagés :

- Technologiques : Développement de nouvelles technologies réutilisables pour l'exploration spatiale.
- Économiques : Création d'un marché pour les ressources lunaires (hélium-3, régolithe

transformé) avec des retombées sur l'industrie terrestre.
* Environnementaux : Mise en place de protocoles pour minimiser les perturbations de l'environnement lunaire et éviter la génération de déchets spatiaux.

Exemple pratique (issu de l'Annexe VI : Les loupés de la gestion de projet). Une mission initiale a sous-estimé les coûts énergétiques liés aux opérations minières, ce qui a réduit l'efficacité globale. En intégrant des outils de suivi des impacts dès la conception (comme l'earned value), l'équipe a pu ajuster ses choix technologiques pour garantir un équilibre entre performance et durabilité.

## 5. Synergies entre ©PSMI et l'Innovation Systémique

L'approche ©PSMI, combinée à une pensée systémique, offre un cadre robuste pour anticiper et gérer les interactions complexes entre les différents aspects du projet lunaire. En considérant l'extraction comme un système global, ©PSMI permet :

* D'identifier les interdépendances entre les technologies, les ressources, et les parties prenantes.
* De garantir une cohérence entre les objectifs techniques, économiques et environnementaux.

- D'assurer une flexibilité pour ajuster les stratégies en fonction des résultats obtenus.

## 6. Projection : Impact de l'Extraction Lunaire sur l'Industrie Terrestre

Les technologies et modèles développés pour l'extraction lunaire auront des retombées directes sur les industries terrestres :

- Matériaux innovants : L'utilisation de régolithe lunaire comme matière première pourrait inspirer de nouvelles solutions de recyclage sur Terre.
- Énergies alternatives : L'hélium-3 extrait de la Lune pourrait devenir une ressource clé pour la fusion nucléaire, offrant une énergie propre et presque illimitée.
- Infrastructure résiliente : Les systèmes autonomes développés pour la Lune peuvent être appliqués à des environnements terrestres extrêmes, comme les déserts ou les régions polaires.

Exemple pratique (issu de l'Annexe IV : Cas prospectif du « Voyage jusqu'au centre de la Lune »). Une équipe a testé sur Terre un modèle de rover lunaire capable de collecter et de transformer les déchets plastiques en carburant. Ce projet a non seulement prouvé la faisabilité de cette technologie sur la Lune, mais a également ouvert de nouvelles perspectives pour la gestion des déchets sur Terre.

## Conclusion du Chapitre

La méthodologie ©PSMI, en structurant chaque phase d'un projet d'extraction lunaire, offre un cadre pour transformer des défis complexes en opportunités d'innovation durable. En intégrant les principes de l'intelligence heuristique et de la systémique, cette approche permet de naviguer dans l'inconnu avec une flexibilité et une efficacité accrue.

L'impact de ces projets dépasse les frontières de la Lune : ils redéfinissent les pratiques industrielles terrestres et ouvrent la voie à une économie spatiale responsable et éthique. Ce chapitre montre qu'en appliquant des méthodes rigoureuses et innovantes, il est possible de relier la vision futuriste à des réalisations concrètes et durables.

# Chapitre 10 : Construire une Intelligence Créative dans les Organisations

La réussite des projets d'innovation, qu'ils soient technologiques, sociaux ou environnementaux, repose en grande partie sur la capacité des organisations à mobiliser une intelligence créative collective. Cette intelligence résulte de l'interaction entre les individus, leurs idées, et les outils méthodologiques qui permettent de structurer ces échanges.

Dans ce chapitre, nous explorerons comment les principes de l'intelligence heuristique (IH), la méthodologie ©PSMI, et la systémique peuvent être appliqués pour renforcer la cohésion des équipes, favoriser une collaboration efficace et transformer les organisations en véritables moteurs d'innovation. Nous verrons également comment intégrer ces concepts dans les structures organisationnelles et les processus de management d'équipe pour assurer une durabilité à long terme.

## 1. L'Intelligence Créative : Une Construction Collective

L'intelligence créative n'est pas le résultat du travail d'un individu isolé, mais l'émergence d'une dynamique collective où chaque membre contribue à l'innovation. Pour qu'une organisation développe une telle intelligence, elle doit :

- Encourager la diversité des perspectives pour enrichir les idées.
- Créer un environnement propice à l'expérimentation et à l'erreur.
- Mettre en place des outils permettant de structurer et d'évaluer les idées de manière collaborative.

Exemple pratique (issu de l'Annexe III : Analyse de la valeur). Dans un projet de transition énergétique, une équipe interdisciplinaire a été formée pour concevoir des solutions à la fois techniques et sociales. En appliquant la phase Problématiques de la méthode ©PSMI, chaque membre a pu exprimer sa perspective sur les défis, ce qui a conduit à des idées innovantes comme l'intégration de panneaux solaires dans des infrastructures communautaires, réduisant ainsi les coûts tout en augmentant l'acceptation sociale.

## 2. Favoriser la Cohésion d'Équipe pour Une Innovation Durable

La cohésion d'équipe est un pilier essentiel pour transformer une idée en un projet concret. Une équipe soudée, qui partage une vision commune, est plus à même de surmonter les obstacles et de maintenir une dynamique positive tout au long du projet.

Stratégies pour renforcer la cohésion :

- Communication efficace : Mettre en place des mécanismes de communication top-down et bottom-up pour assurer une circulation fluide des idées et des retours.
- Vision partagée : Utiliser des outils comme l'Indice de Congruence Conceptuel (ICC) pour s'assurer que tous les membres de l'équipe partagent la même compréhension des objectifs et des enjeux.
- Gestion des conflits : Identifier et résoudre rapidement les divergences grâce à des approches systémiques et collaboratives.

Exemple pratique (issu de l'Annexe II : La méthode ©PSMI). Dans un projet de conception d'un véhicule électrique, une tension est apparue entre l'équipe d'ingénierie, focalisée sur la performance, et l'équipe marketing, préoccupée par le coût et l'esthétique. En utilisant l'ICC pour aligner les visions, un consensus a été trouvé sur un design équilibrant performance et accessibilité, garantissant ainsi une mise sur le marché réussie.

## 3. Intégrer l'IH et la Méthode ©PSMI dans les Organisations

Pour qu'une organisation devienne un véritable incubateur d'innovation, elle doit intégrer des méthodologies comme l'IH et ©PSMI dans ses processus. Cela implique :

- Formation continue : Offrir aux équipes des formations sur l'utilisation des outils heuristiques et systématiques pour résoudre des problématiques complexes.
- Culture d'expérimentation : Encourager les initiatives innovantes et permettre l'échec comme une étape d'apprentissage.
- Structures transversales : Favoriser des équipes multidisciplinaires capables de collaborer sur des projets complexes, en combinant expertise technique et vision stratégique.

Exemple pratique (issu de l'Annexe IV : Cas prospectif du « Voyage jusqu'au centre de la Lune »). Dans un projet visant à développer des habitats lunaires, des formations spécifiques ont été mises en place pour enseigner aux équipes comment utiliser les ressources locales (comme le régolithe) et développer des solutions autonomes. Cette démarche a permis d'introduire de nouvelles compétences tout en favorisant une approche collective et transversale.

## 4. Les Processus de Communication : Une Clé pour l'Innovation

Une communication fluide et transparente est essentielle pour garantir l'efficacité des équipes et l'alignement des objectifs. Les organisations innovantes adoptent des stratégies de communication adaptées aux besoins des projets et des équipes.

Stratégies de communication :

- Ateliers collaboratifs : Organiser des sessions où les idées peuvent être partagées librement et évaluées collectivement.
- Feedback régulier : Mettre en place des systèmes de retour d'information pour ajuster les stratégies en temps réel.
- Outils numériques : Utiliser des plateformes de gestion de projet et de collaboration pour centraliser les informations et faciliter la coordination.

Exemple pratique (issu de l'Annexe III : Analyse de la valeur). Dans un projet de gestion des déchets plastiques, des ateliers collaboratifs ont permis d'impliquer non seulement les équipes internes, mais aussi des parties prenantes externes, comme des ONG et des entreprises partenaires. Cette démarche a conduit à des idées innovantes pour transformer les plastiques en matériaux de construction, tout en renforçant l'adhésion des parties prenantes au projet.

## 5. L'Innovation Durable : Un Objectif Collectif

Pour qu'une innovation soit durable, elle doit répondre non seulement aux besoins actuels, mais aussi anticiper les défis futurs. Cela nécessite une approche collective où chaque membre de l'organisation comprend son rôle dans la construction d'une solution éthique et durable.

Exemple pratique (issu de l'Annexe VI : Les loupés de la gestion de projet). Dans un projet visant à développer des énergies renouvelables dans une région rurale, un manque d'implication des communautés locales a initialement conduit à des tensions et des retards. En réintégrant ces communautés dans le processus décisionnel et en structurant les échanges via la méthode ©PSMI, le projet a non seulement atteint ses objectifs techniques, mais a également amélioré l'acceptation locale et les bénéfices sociaux.

## Conclusion du Chapitre

Construire une intelligence créative dans les organisations est un processus qui va au-delà de la simple gestion de projet. Cela implique de cultiver un environnement où les idées peuvent émerger, où les conflits sont transformés en opportunités, et où les équipes collaborent dans une dynamique durable.

En intégrant l'intelligence heuristique, la méthodologie ©PSMI, et les principes de la systémique, les organisations peuvent se doter d'outils puissants pour gérer la complexité et transformer les défis en innovations « impactantes ». Ce chapitre montre que la réussite de l'innovation repose autant sur les méthodologies que sur les personnes et leur capacité à travailler ensemble pour un objectif commun.

Dans le prochain chapitre, nous examinerons comment ces concepts peuvent être utilisés pour construire une stratégie d'innovation durable à long terme, en s'appuyant sur les leçons tirées des études de cas précédentes.

# Chapitre 11 : De la Méthodologie ©PSMI à une Stratégie d'Innovation Durable

L'innovation durable repose sur une capacité à équilibrer les besoins immédiats des projets et les enjeux à long terme liés à l'économie, à la société et à l'environnement. La méthodologie ©PSMI (Problématiques, Solutions, Moyens, Impacts), par sa structuration rigoureuse et son adaptabilité, est une base solide pour élaborer une stratégie d'innovation durable, à la fois évolutive et résiliente.

Dans ce chapitre, nous examinerons comment transformer les principes de ©PSMI en une stratégie globale, intégrée aux organisations, pour garantir une continuité dans l'innovation. En nous appuyant sur des exemples concrets et des projections prospectives, nous identifierons les leviers pour maintenir l'engagement, intégrer les avancées technologiques, et anticiper les transformations sociétales.

## 1. Définir une Vision d'Innovation à Long Terme

Toute stratégie durable commence par une vision claire des objectifs à atteindre. Cela implique de définir une orientation stratégique qui anticipe les évolutions des marchés, des technologies, et des attentes sociétales.

Exemple pratique (issu de l'Annexe II : La méthode ©PSMI). Dans un projet visant à développer des solutions de transport autonome, une vision d'innovation à 15 ans a permis de :

- Anticiper les besoins en infrastructures intelligentes.
- Intégrer des critères environnementaux, comme la réduction de l'empreinte carbone.
- Préparer les équipes aux défis éthiques liés à l'acceptation sociale des véhicules autonomes.

## 2. Adapter ©PSMI aux Environnements Dynamiques

La flexibilité de ©PSMI permet de s'adapter aux environnements où les cycles d'innovation sont courts et où les incertitudes sont nombreuses. En intégrant des boucles de rétroaction régulières et en actualisant les problématiques et les impacts, ©PSMI devient un outil dynamique, capable de suivre les évolutions des projets et des contextes externes.

Stratégies d'adaptation :

- Problématiques : Réévaluer régulièrement les défis et les besoins en fonction des données nouvelles.

- Solutions : Intégrer des outils d'intelligence artificielle et de simulation pour tester des idées rapidement.
- Moyens : Ajuster les ressources humaines et financières en fonction des priorités évolutives.
- Impacts : Mettre en place des indicateurs dynamiques pour mesurer les résultats en temps réel.

Exemple pratique (issu de l'Annexe IV : Cas prospectif du « Voyage jusqu'au centre de la Lune »). Dans un projet d'extraction de ressources lunaires, une évaluation régulière des impacts environnementaux a conduit à modifier les technologies de forage initialement prévues pour réduire les perturbations sur la surface lunaire. Cette capacité d'adaptation a permis de maintenir le projet en conformité avec les standards éthiques et scientifiques.

## 3. Intégrer les Technologies Émergentes dans la Stratégie

Les technologies émergentes, comme l'intelligence artificielle, l'impression 3D, ou l'Internet des objets, jouent un rôle clé dans la mise en œuvre d'une innovation durable. La méthodologie ©PSMI, en structurant les phases de développement, facilite leur intégration dans les projets.

Exemple pratique (issu de l'Annexe III : Analyse de la valeur). Dans un projet de gestion des déchets plastiques, l'intégration de l'impression 3D a permis de transformer les déchets en pièces détachées pour l'industrie locale, créant ainsi une chaîne de valeur circulaire. Cette approche, développée dans la phase Solutions, a non seulement réduit les coûts mais a également favorisé l'économie locale.

## 4. Construire une Économie Collaborative et Responsable

Une innovation durable ne peut être atteinte sans une collaboration active entre les parties prenantes. Cela inclut les gouvernements, les entreprises privées, les chercheurs, et les communautés locales.

Stratégies pour renforcer la collaboration :

- Partenariats publics-privés : Mutualiser les ressources pour financer des projets ambitieux.
- Implication communautaire : Associer les communautés locales dès la phase de conception des projets pour garantir leur acceptation.
- Transparence : Partager les résultats et les impacts des projets avec l'ensemble des parties prenantes pour renforcer la confiance.

Exemple pratique (issu de l'Annexe VI : Les loupés de la gestion de projet). Dans un projet de transition énergétique dans une région rurale, un manque initial de communication avec les populations locales a généré des résistances. En réintégrant ces communautés dans le processus décisionnel et en partageant les bénéfices attendus (emplois, accès à l'énergie), le projet a non seulement été relancé mais est devenu un modèle de collaboration.

## 5. Préparer l'Innovation Durable de Demain

La durabilité ne consiste pas seulement à répondre aux besoins actuels, mais à anticiper les futurs défis. Cela nécessite :

- Une capacité à surveiller les tendances globales (changements climatiques, nouvelles technologies, évolution des réglementations).
- Une approche itérative pour intégrer les enseignements tirés des projets passés dans les stratégies futures.
- Une vision éthique pour garantir que l'innovation profite à l'ensemble de la société.

Projection future : Dans les projets d'exploration spatiale, comme l'extraction lunaire, les retombées technologiques (énergies propres, matériaux innovants) pourraient transformer l'économie terrestre, ouvrant la voie à de nouvelles industries tout en réduisant l'empreinte écologique.

## Conclusion du Chapitre

Transformer la méthodologie ©PSMI en une stratégie d'innovation durable nécessite de dépasser la simple gestion de projet pour adopter une vision systémique et prospective. En intégrant les technologies émergentes, en renforçant les collaborations, et en anticipant les impacts à long terme, les organisations peuvent non seulement relever les défis actuels mais aussi contribuer à un avenir plus durable.

Ce chapitre met en lumière la capacité de ©PSMI à guider les projets d'innovation dans un monde en perpétuel changement, en mettant l'accent sur la durabilité et l'éthique. Dans la conclusion générale, nous reviendrons sur les enseignements clés de cet ouvrage et proposerons des pistes pour continuer à développer l'intelligence créative dans les organisations et les projets.

# Conclusion Générale : Vision Prospective et Réflexions Finales

Ce livre a exploré les fondements de l'innovation systémique et de l'intelligence heuristique (IH), ainsi que l'application pratique de la méthodologie ©PSMI (Problématiques, Solutions, Moyens, Impacts). À travers des chapitres théoriques, des cas d'étude concrets, et des projections dans des domaines avant-gardistes comme l'exploration lunaire, nous avons mis en lumière les leviers essentiels pour naviguer dans la complexité et transformer des défis en opportunités.

Mais toute méthodologie de gestion de projet doit être accompagnée d'un diagnostic précis pour garantir son efficacité : "Pas de traitement sans diagnostic".

Cela nous amène à la grille d'audit présentée dans l'Annexe III de ce livre. Cet outil est essentiel pour mesurer, à chaque phase du projet, l'adéquation entre les objectifs fixés et les résultats obtenus. Il permet de réaliser un diagnostic en continu, en évaluant les progrès, les ajustements nécessaires, et en anticipant les risques avant qu'ils ne deviennent des obstacles insurmontables.

Dans ce dernier chapitre, nous récapitulerons les enseignements clés, réfléchirons à l'avenir de l'innovation mondiale et lancerons un appel à une action collective pour une innovation responsable et éthique.

## 1. Synthèse des Principes Clés

Les concepts explorés dans ce livre révèlent que l'innovation véritable ne réside pas uniquement dans la création de nouvelles technologies ou produits, mais dans la manière dont les organisations et les individus adoptent une démarche créative et systémique.

Les principes clés sont :

- L'intelligence heuristique : Une pensée flexible, intuitive et basée sur l'expérience, essentielle pour générer des solutions innovantes face à des environnements incertains.
- La systémique : Une vision holistique qui prend en compte les interactions et interdépendances entre les parties prenantes et les ressources.
- ©PSMI : Une méthodologie structurée permettant d'articuler les problématiques, d'émerger des solutions, de mobiliser les moyens adéquats, et de mesurer les impacts avec précision.

Ces trois piliers, lorsqu'ils sont intégrés, offrent un cadre puissant pour gérer les projets complexes et répondre aux besoins contemporains tout en anticipant les transformations futures.

## 2. L'Avenir de l'IH, de la Systémique et de ©PSMI dans l'Innovation Mondiale

À mesure que les enjeux globaux deviennent de plus en plus complexes, les approches traditionnelles montrent leurs limites. Les défis environnementaux, les transformations économiques, et les avancées technologiques rapides nécessitent des méthodologies capables de s'adapter aux dynamiques changeantes.

Perspectives :

* L'intégration des technologies émergentes : L'intelligence artificielle, la robotique et l'analyse des données massives viendront renforcer l'intelligence heuristique humaine, ouvrant la voie à une co-création homme-machine.
* Une innovation responsable : L'éthique et la durabilité deviendront des critères incontournables dans la conception des projets, influençant les décisions stratégiques et les méthodologies comme ©PSMI.
* La systémique à l'échelle planétaire : Les projets ne seront plus pensés de manière isolée, mais comme des éléments interconnectés d'un système global, où les impacts locaux et globaux seront simultanément pris en compte.

Exemple prospectif : Dans l'exploration spatiale, l'application de ©PSMI pourrait devenir une norme pour gérer les interactions entre les ressources lunaires, les impacts terrestres, et les collaborations internationales. Ces projets serviront de modèles pour une gestion plus systémique des ressources planétaires.

## 3. Appel à une Action Collective : Construire un Avenir Durable

L'innovation ne peut être le fruit d'une seule organisation ou d'un individu isolé. Elle nécessite une collaboration active et transversale, où chaque acteur – qu'il soit entrepreneur, chercheur, décideur politique ou citoyen – joue un rôle clé.

Les prochaines étapes pour une action collective incluent :

* Encourager la formation et la transmission des connaissances : Des méthodologies comme ©PSMI doivent être enseignées pour devenir des standards dans la gestion de projets complexes.
* Renforcer la transparence et l'éthique : Chaque projet doit intégrer dès sa conception des mécanismes garantissant son alignement avec des principes durables.
* S'engager dans des projets à forte valeur sociétale : Investir dans des initiatives qui répondent aux grands enjeux mondiaux, comme

la transition énergétique, la protection de la biodiversité ou l'exploration spatiale.

Un exemple d'action concrète : La création de centres d'innovation dédiés, où les concepts de l'IH, de la systémique et de ©PSMI pourraient être testés, partagés et améliorés, en collaboration avec des partenaires publics et privés.

## 4. L'Audit comme Outil Clé dans l'Innovation Responsable

La grille d'audit, présentée dans l'Annexe III, devient l'outil indispensable pour suivre les projets tout au long de leur cycle de vie. Elle permet d'évaluer les étapes critiques et de mesurer, étape par étape, l'efficacité des solutions mises en place.

Comment l'audit joue un rôle déterminant :

- Mesure de la performance : L'audit permet de vérifier la cohérence entre les objectifs fixés et les résultats obtenus. Ce suivi régulier aide à ajuster les actions et à optimiser les ressources.

- Identification des écarts : Grâce à l'audit, les faiblesses sont rapidement identifiées, permettant ainsi une prise de décision éclairée pour rectifier la trajectoire du projet.

- Anticipation des risques : L'audit permet de repérer les points de friction avant qu'ils ne deviennent des obstacles majeurs, minimisant ainsi les risques et maximisant l'efficacité.

Exemple pratique : Dans un projet de transition énergétique, l'application de la grille d'audit a permis de repérer une inadéquation entre les coûts prévisionnels et les dépenses réelles dès la phase Moyens. Ce diagnostic a permis de réajuster le financement et de réorganiser les ressources pour garantir l'atteinte des objectifs sans surcoût.

## L'Innovation comme Héritage Collectif

En écrivant ce livre, mon intention était de partager une vision, celle d'un monde où l'innovation est accessible, responsable, et profondément humaine. Mon parcours, marqué par des expériences dans l'industrie, la recherche, et des projets avant-gardistes, m'a convaincu que les outils, aussi puissants soient-ils, ne sont rien sans une volonté collective de transformer notre société.

L'innovation doit être plus qu'un simple moteur de progrès technologique ; elle doit être une force unificatrice, un héritage collectif que nous laissons aux générations futures. En adoptant des méthodologies comme ©PSMI et en cultivant une intelligence créative, nous pouvons bâtir des projets qui non seulement résolvent les défis d'aujourd'hui, mais anticipent les besoins de demain.

Je vous invite à prendre part à cette transformation, à expérimenter ces outils, à les adapter à vos contextes, et à contribuer à un monde où la créativité et la collaboration deviennent des piliers de notre avenir commun.

## Conclusion Finale

L'innovation n'est pas une destination, mais un voyage – un cheminement collectif où chaque étape est une opportunité d'apprendre, d'améliorer et de contribuer. En combinant l'intelligence heuristique, la systémique, et la méthodologie ©PSMI, nous disposons des outils nécessaires pour naviguer dans un monde complexe et incertain.

Ce livre, que vous venez de parcourir, est une invitation à agir. Que ce soit dans vos projets, vos organisations, ou vos communautés, appliquez ces concepts, partagez vos expériences, et participez à construire un avenir où l'innovation est une force pour le bien commun.

Ensemble, créons un monde durable, éthique, et innovant.

« L'innovation n'est pas seulement une réponse aux défis actuels, mais une projection de nos valeurs dans un avenir que nous souhaitons bâtir collectivement. »

**ANNEXES I - Le sel du rêve et de l'imaginaire**

Mon inspiration provient également de la lecture de Jules Verne, en particulier de L'Île mystérieuse, où le capitaine Nemo construit son intelligence d'ingénieur au profit de l'environnement. Cette vision d'un ingénieur conscient des enjeux écologiques a profondément influencé ma démarche, intégrant l'intelligence heuristique (IH) qui s'adapte particulièrement à la compréhension subtile des équilibres osmotiques à maintenir pour une efficacité profitable et responsable. En effet, à travers le capitaine Nemo, Verne met en lumière une problématique complexe du déséquilibre entre le développement industriel et la préservation de l'environnement.

Problématique Visionnaire

Nemo représente une critique du progrès industriel tel qu'il était perçu à l'époque. À travers ses actions et son mode de vie, il remet en question les conséquences néfastes de l'industrialisation sur l'environnement. Verne anticipe ainsi le déficit entre les avancées technologiques et leur impact écologique, une problématique toujours d'actualité.

Solutions Radicales

Les solutions proposées par Nemo, bien que fictives, sont à la fois novatrices et avant-gardistes. Verne imagine des technologies qui n'existent pas encore, comme l'électricité générée par des barres de sodium pour propulser le Nautilus. Cela illustre une volonté de penser en dehors des conventions de son époque, prônant une innovation radicale pour répondre aux défis environnementaux.

Innovation de Rupture
Les moyens qu'il emploie, comme le Nautilus, représentent une rupture avec les technologies maritimes traditionnelles. Cela souligne l'importance de l'innovation dans la recherche de solutions durables et efficaces. Verne propose ainsi une approche où la technologie est au service de la nature, plutôt que de l'exploiter.

Impact et Conscience Active
L'impact des actions de Nemo va au-delà de la simple technologie ; il soulève des questions éthiques sur notre responsabilité en tant qu'êtres humains face à la nature. Sa conscience écologique appelle à une réflexion sur notre rôle dans la préservation de l'environnement, incitant à agir de manière responsable.

A travers Nemo, Jules Verne nous invite à envisager un avenir où l'harmonie entre l'industrie et l'environnement est non seulement possible, mais essentielle. Cette vision reste un puissant appel à l'innovation, à la créativité et à une responsabilité collective pour construire un monde durable.

Notre méthode ©PSMI, axée sur la formulation des problématiques, l'émergence de solutions la planification de moyens et l'évaluation des impacts, s'inscrit parfaitement dans cette lignée de pensée visionnaire, cherchant à anticiper les défis futurs avec une approche systémique et renouvelable.

Sans se poser la bonne question, l'aléatoire et le flou ne suffiront pas à penser et réaliser les solutions adaptées au principe fondamental de notre Planète : la Vie... Pensons avant d'agir mais pour agir concrètement suivant notre pensée... Voilà toute la méthode ©PSMI.

## ANNEXE II - La méthode ©PSMI

La méthode ©PSMI que nous avons développée est très structurante et originale, avec une approche en arborescence qui permet de clarifier chaque étape du projet. Voici quelques points pour valoriser cette méthode et l'intégrer dans des environnements industriels ou de gestion de projet :

1. Formulation des Problématiques en Arborescence Fonctionnelle

Cette étape permet d'identifier de manière systématique et hiérarchique les problèmes clés liés au projet. L'arborescence fonctionnelle facilite la compréhension des relations entre les problématiques et offre une vision holistique du projet. Cela pourrait s'apparenter à une analyse fonctionnelle où chaque nœud de l'arborescence représente une fonction à satisfaire ou un problème à résoudre.

Application : Cela peut être appliqué dans des contextes où la complexité est importante, notamment dans des projets industriels où il est essentiel d'analyser les systèmes sous plusieurs angles (environnemental, technique, organisationnel).

## 2. Émergence des Solutions pour Chaque Arborescence des Problématiques

Cette étape favorise la créativité et permet d'identifier des solutions spécifiques à chaque problématique. L'approche arborescente permet de structurer les idées et de générer plusieurs options de solutions adaptées à chaque sous-problème identifié.

Approche complémentaire : On pourrait associer cette phase à des outils comme le brainstorming structuré ou l'analyse de la valeur, qui cherche à optimiser les solutions en fonction des fonctions essentielles du système.

## 3. Planification des Moyens pour Chaque Arborescence des Solutions

Ici, on planifie les moyens nécessaires pour chaque solution en termes de technologie, de finances, et de ressources humaines. Cette étape fait écho à la gestion classique de projet mais avec une approche plus modulaire et granulaire grâce à l'arborescence.

Approche intégrée : On pourrait inclure des outils de gestion des ressources (PERT ou Gantt) pour planifier efficacement les moyens en fonction des interdépendances entre les solutions. En fonction des projets, une matrice RACI peut aussi aider à clarifier les rôles et responsabilités.

## 4. Mesure des Impacts pour Chaque Arborescence de Moyens

Cette phase de mesure est essentielle pour évaluer l'efficacité et la performance des moyens déployés. Elle permet aussi d'identifier rapidement les axes d'amélioration et d'ajuster les moyens si nécessaire.

Outils de mesure : On peut intégrer des indicateurs clés de performance (KPI) spécifiques pour chaque arborescence de moyens, qu'ils soient financiers, environnementaux (ISO 14001) ou liés à la qualité (ISO 9001).

Flexibilité de l'approche ©PSMI

Ce modèle semble particulièrement adapté à des projets complexes ou multidimensionnels, où plusieurs problématiques et solutions sont interconnectées. Il permet une approche modulaire et peut s'adapter à des contextes variés (industrie, technologie, projets créatifs).

Comparaison avec d'autres méthodes : Par rapport aux méthodes classiques (comme PRINCE2, PMP ou Agile), la ©PSMI a une approche plus organique grâce à son arborescence et sa capacité à traiter chaque sous-élément indépendamment. Elle peut également être combinée avec des méthodes existantes, comme la gestion en mode Agile pour des itérations rapides sur des solutions spécifiques.

Applications Potentielles

Projets industriels complexes : ©PSMI peut être utilisé pour gérer des systèmes complexes (chaînes de production, gestion de projet industriel à grande échelle) où plusieurs problématiques techniques, environnementales et économiques se chevauchent.

Innovation et développement de produits : Pour des projets de développement produit où l'innovation est essentielle, la méthode permet de structurer les solutions par arborescence tout en maintenant une flexibilité.

Développement durable : On peut appliquer cette méthode dans des projets environnementaux, en intégrant des mesures d'impact environnemental à chaque étape, en conformité avec des normes comme l'ISO 14001.

La méthode ©PSMI est une approche innovante qui combine la structuration systématique des problématiques, une génération créative de solutions, et une planification granulaire des moyens avec une mesure précise des impacts. Cela la rend très flexible et applicable à différents types de projets, en particulier ceux qui nécessitent une analyse approfondie des problèmes et une gestion modulaire.

La phase 1 de la méthode PSMI

La phase 1 de la méthode ©PSMI, qui consiste à formuler les problématiques sous une forme d'arborescence fonctionnelle, peut être enrichie par la réflexion d'Albert Einstein sur la résolution des problèmes. Einstein disait souvent qu'il consacrerait 75% du temps à réfléchir à la bonne formulation du problème, et seulement 25% à sa résolution. Cela souligne l'importance cruciale de bien comprendre la nature et les enjeux du problème avant de chercher des solutions. Voici comment cette approche peut structurer et approfondir la phase de formulation dans la ©PSMI.

Comprendre la Nature du Problème (75% du Temps) Einstein pensait que la qualité de la solution dépend directement de la qualité de la définition du problème. Trop souvent, les équipes de projet se précipitent dans la mise en œuvre de solutions sans s'être assuré que le problème est bien posé. La phase de formulation des problématiques sous une arborescence fonctionnelle dans ©PSMI peut s'appuyer sur cette approche pour maximiser la compréhension des problématiques avant de passer à l'étape de solution.

a. Identification des Problématiques à un Niveau Global
La première étape consiste à définir le problème à un niveau macro. Quelle est la situation générale ? Quelles sont les forces et les contraintes du contexte ? Quels sont les objectifs finaux ? C'est ici qu'il est crucial de bien circonscrire le périmètre du problème pour éviter des solutions inadaptées.

Exemple : Dans un projet industriel, il est important de comprendre si le problème est un retard de production dû à une technologie obsolète, ou un manque de formation du personnel. Une bonne analyse évite de se concentrer sur la mauvaise dimension.

b. Décomposition du Problème en Sous-Problématiques

La méthode ©PSMI va permettre, comme Einstein le préconisait, de décortiquer le problème principal en une série de sous-problématiques liées. L'arborescence permet d'explorer les aspects fonctionnels, techniques, organisationnels, financiers et environnementaux du problème.

Ce processus d'arborescence oblige à poser les bonnes questions : Comment chaque sous-problématique impacte-t-elle le problème global ? Quels sont les liens de causalité entre elles ? Cette réflexion systématique guide l'émergence d'une compréhension complète et profonde.

Exemple : Si un projet rencontre des problèmes de performance, l'arborescence pourrait diviser les facteurs en plusieurs branches, telles que la technologie, les ressources humaines, l'organisation du travail, ou les contraintes environnementales.

c. Usage des Outils d'Analyse pour Clarifier les Problématiques

Des outils comme le QFD (Quality Function Deployment) ou l'analyse fonctionnelle peuvent être intégrés dans cette phase pour approfondir la compréhension des problématiques. Ces outils permettent de traduire les besoins des parties prenantes en exigences techniques, ce qui est essentiel pour bien poser le problème.

De même, l'utilisation de l'AMDEC (Analyse des Modes de Défaillance et de leurs Effets) dès cette phase peut être précieuse pour anticiper les défaillances potentielles et donc mieux définir les problématiques clés.

d. Reformulation Continu du Problème
À ce stade, la formulation des problèmes ne devrait pas être figée mais enrichie en continu. Chaque question posée ou chaque nouvelle donnée obtenue peut affiner la compréhension du problème. Einstein disait : « Si je disposais d'une heure pour résoudre un problème, je passerais 45 minutes à réfléchir au problème et 15 minutes à la solution. »

Il s'agit donc de rester flexible tout en continuant à réévaluer et affiner le problème. Cette approche permet d'éviter de s'engager trop tôt dans la recherche de solutions inadaptées.

Modélisation des Problématiques sous Forme d'Arborescence Fonctionnelle
Une fois le problème bien compris et ses sous-aspects clarifiés, l'étape suivante dans la méthode

©PSMI consiste à modéliser ces problématiques sous une forme d'arborescence fonctionnelle.

a. Hiérarchiser les Problématiques
La modélisation arborescente permet de hiérarchiser les problématiques selon leur importance et leur impact potentiel. Chaque nœud de l'arborescence représente une problématique ou un sous-élément du problème principal. Cette organisation en niveaux permet de prioriser les problématiques les plus critiques à résoudre.
Exemple : Si le problème général est un délai de production trop long, l'arborescence pourrait diviser cela en des sous-problèmes comme l'efficacité des machines, les compétences du personnel, ou l'approvisionnement en matériaux.

b. Identification des Interdépendances
L'arborescence permet aussi d'identifier les relations de cause à effet entre les différentes problématiques. Cela aide à comprendre comment les solutions à un sous-problème peuvent influencer d'autres aspects du projet, et à anticiper les impacts secondaires.
Exemple : Dans un projet de développement durable, améliorer l'efficacité énergétique d'une machine peut réduire les coûts d'exploitation, mais pourrait nécessiter une requalification des opérateurs, ce qui est un autre sous-problème.

c. Alignement avec les Objectifs Stratégiques
Cette arborescence doit rester alignée avec les objectifs stratégiques du projet. En prenant le temps

de bien poser les problématiques, il devient possible de s'assurer que les efforts de résolution seront en adéquation avec la finalité du projet.

Passage à la Résolution (25% du Temps)
Une fois que les problématiques sont bien définies et modélisées, la recherche de solutions devient plus rapide et plus efficace. Le fait d'avoir passé 75% du temps à bien comprendre le problème permet d'éviter des erreurs coûteuses dans la mise en œuvre des solutions. Voici les avantages de cette approche pour la mise en œuvre des solutions :

a. Solutions Ciblées et Réalistes
Avec une formulation précise des problématiques, les solutions proposées sont plus ciblées, mieux adaptées aux vrais besoins, et plus faciles à mettre en œuvre.

b. Mise en Œuvre Optimisée
Le temps économisé sur la clarification du problème peut être consacré à une mise en œuvre rapide et efficace. Les solutions sont déployées avec une plus grande confiance dans leur pertinence, et les étapes nécessaires pour leur exécution sont mieux planifiées.

c. Minimisation des Risques
La bonne compréhension du problème permet d'anticiper les risques liés à chaque solution. La planification des moyens et la mesure des impacts (comme prévu dans la méthode ©PSMI) se basent sur une compréhension complète des enjeux.

L'approche qui consiste à passer 75% du temps à bien définir le problème, renforce la première phase de la méthode ©PSMI. Cela garantit que les problématiques sont bien comprises avant de générer des solutions, ce qui évite les erreurs et maximise l'efficacité des solutions trouvées. Le fait de modéliser les problématiques sous forme d'arborescence fonctionnelle permet non seulement de clarifier les différents aspects du problème, mais aussi de structurer la réflexion et d'optimiser la mise en œuvre des solutions.

Phase 2 : Émergence des Solutions
Émergence des Solutions pour Chaque Arborescence des Problématiques
Enrichie par la pensée créative de Nonaka et Takeuchi et la formule de la créativité radicale. Dans la phase 2 de la méthode PSMI, l'objectif est de faire émerger des solutions spécifiques à chaque sous-problématique identifiée. Cette phase est essentielle pour générer des idées novatrices et adaptées, tout en maintenant une approche méthodique. Voici comment intégrer les perspectives de la pensée créative de Nonaka et Takeuchi, ainsi que la formule de la créativité radicale, dans cette étape.

1. L'apport de Nonaka et Takeuchi à la Pensée Créative : La Conversion des Connaissances
Nonaka et Takeuchi, dans leur célèbre modèle de la création des connaissances, mettent l'accent sur le processus de conversion des connaissances comme moteur de l'innovation. Leur approche repose sur

quatre modes de transformation des connaissances, un cadre idéal pour structurer l'émergence des solutions :

a. Socialisation (De tacite à tacite)
Dans cette phase, les équipes partagent des connaissances tacites, c'est-à-dire des savoirs informels, non codifiés, qui se transmettent par l'expérience et les interactions. Cette étape est cruciale pour que les membres de l'équipe comprennent et ressentent les problématiques de manière collective.

Application dans ©PSMI : Encourager les échanges informels et les brainstormings ouverts où chacun peut partager son intuition, ses expériences et ses observations. Cette phase peut alimenter la réflexion en permettant à chacun de s'imprégner des autres perspectives.

b. Externalisation (De tacite à explicite)
La phase d'externalisation consiste à transformer ces connaissances tacites en idées claires et formulées, permettant ainsi de les structurer et de les documenter.

Application dans ©PSMI : Utiliser des outils d'analyse fonctionnelle pour structurer et formaliser les idées émergentes. À ce stade, chaque sous-problème peut commencer à recevoir une première vague de propositions claires et concrètes. Ces solutions émergentes peuvent être formalisées sous forme de schémas, de descriptions, ou d'arbres de décision.

c. Combinaison (D'explicite à explicite)
Cette phase consiste à combiner les idées explicites pour générer de nouvelles solutions. C'est une étape où les connaissances formalisées peuvent être réorganisées, enrichies, et structurées différemment afin de créer des solutions plus complexes.

Application dans ©PSMI : Dans cette étape, tu pourrais rassembler toutes les idées formalisées et les organiser en clusters thématiques ou en solutions combinatoires. Il s'agit ici de favoriser la création de solutions novatrices à partir de la combinaison d'idées déjà structurées, permettant une émergence de solutions à plusieurs niveaux.

d. Internalisation (D'explicite à tacite)
Enfin, l'internalisation consiste à intégrer les nouvelles connaissances explicites dans l'expérience et la pratique quotidienne. Les solutions qui émergent deviennent des outils pratiques pour les membres de l'équipe.

Application dans ©PSMI : Une fois que les solutions sont bien établies, l'équipe commence à les intégrer dans leur réflexion quotidienne et leur approche des projets. Cela renforce la capacité collective à résoudre des problèmes similaires plus rapidement à l'avenir.

2. Intégrer la Formule de la Créativité Radicale :
La formule de la créativité radicale : créativité = entropie x émergence x négentropie est une manière puissante de conceptualiser l'innovation, notamment dans un contexte où il faut faire émerger des solutions à des problématiques complexes.

Voici comment chaque composant de ma formule peut s'intégrer dans cette phase :
a. Entropie : Explorer l'Incertitude et la Diversité
L'entropie représente l'incertitude, la désorganisation ou l'ouverture nécessaire pour permettre l'innovation. Plus il y a de possibilités, plus la capacité à générer des idées nouvelles est grande. L'entropie dans ce cas permet d'explorer des terrains inconnus, de créer du désordre constructif qui amène à la créativité.

Application dans ©PSMI : Pendant la phase d'émergence des solutions, il faut encourager des idées radicales, disruptives, en laissant place à un brainstorming sans limites. L'idée est de déstructurer volontairement les processus traditionnels pour laisser émerger des propositions nouvelles et inattendues, même si elles semblent non conventionnelles au départ.

b. Émergence : Structurer la Créativité
L'émergence est le processus par lequel de nouvelles structures ou solutions apparaissent à partir d'un système complexe. Après avoir exploré de nombreuses idées (entropie), l'émergence consiste à

identifier des solutions qui se détachent et se structurent de manière cohérente.

Application dans ©PSMI : Dans la phase d'émergence des solutions, il est important de structurer les idées créatives de manière progressive. Cela peut se faire en affinant les concepts en fonction de critères de faisabilité, d'innovation et d'impact potentiel. L'émergence pourrait être aidée par des matrices décisionnelles qui filtrent les idées générées en fonction de leur potentiel créatif et réaliste.

c. Néguentropie : Renforcer et Optimiser les Solutions

La néguentropie (ou néguentropie) représente la force contraire de l'entropie, celle qui tend vers l'organisation et l'optimisation des structures. Après avoir exploré et généré des idées, il est nécessaire de les structurer et les optimiser pour qu'elles deviennent applicables dans un cadre précis et efficace.

Application dans ©PSMI : Une fois que les idées émergent, il s'agit de les consolider et de les rendre réalisables. Cela pourrait passer par une analyse plus rigoureuse des moyens technologiques, financiers, et humains nécessaires à leur réalisation. La néguentropie ici pourrait se traduire par l'utilisation d'outils comme les plans de mise en œuvre, analyses de risques, ou encore des prototypages pour valider les solutions générées.

3. Application Pratique dans ©PSMI

Pour intégrer ces éléments dans la phase 2 de la méthode PSMI, voici un cadre qui allie l'approche de Nonaka et Takeuchi et la formule de créativité radicale :

Brainstorming libre et chaotique (Entropie)

Organiser des sessions où l'équipe est encouragée à penser sans contraintes, à générer un maximum d'idées, aussi éloignées des conventions soient-elles. L'idée ici est de créer le plus d'entropie possible pour stimuler la pensée créative.

Regroupement et structuration initiale des idées (Émergence)

Après cette phase de chaos créatif, regrouper les idées par thèmes et sous-problématiques, en identifiant des pistes émergentes. Les outils comme l'analyse fonctionnelle ou le QFD peuvent être utilisés pour structurer ces idées et les organiser.

Consolidation et optimisation des solutions (Néguentropie)

Une fois que les idées ont émergé, appliquer des critères d'optimisation pour les rendre réalisables. Cela pourrait passer par des analyses plus techniques, des simulations, ou des prototypes pour valider l'efficacité des solutions proposées.

La phase 2 de la méthode ©PSMI s'enrichit d'une approche rigoureuse mais créative. En intégrant les dynamiques de conversion des connaissances de

Nonaka et Takeuchi, on crée un cadre méthodique pour faire émerger des solutions novatrices. La formule de la créativité radicale, basée sur l'entropie, l'émergence, et la négentropie, apporte une dimension puissante qui favorise non seulement la génération d'idées mais aussi leur structuration et leur mise en œuvre efficace.

Phase 3 : Planification des Moyens
Planification des Moyens pour Chaque Arborescence de Solutions
Enrichie par une analyse de la valeur revisitée et l'anticipation de l'évolution technologique. Dans cette phase de la méthode ©PSMI, l'objectif est de planifier les moyens technologiques, financiers, et humains pour chaque solution proposée, tout en prenant en compte une analyse de la valeur revisitée. La clé ici est de maintenir un équilibre entre trois dimensions : qualité attendue, coût de fabrication, et temps de développement, en anticipant les évolutions technologiques et en intégrant des mécanismes de pilotage par la valeur acquise (Earned Value Management, EVM).

4. L'Analyse de la Valeur Revisitée : Introduction de la Troisième Dimension (Temps)
L'analyse de la valeur traditionnelle se concentre sur l'équilibre entre la qualité et le coût de fabrication d'un produit ou d'un service. Cependant, dans des projets dont la durée dépasse deux ans, la simple prise en compte de ces deux dimensions devient insuffisante. Il est impératif d'ajouter la dimension

temps, surtout dans un contexte de forte évolution technologique.

## a. Qualité Attendue

Cette dimension concerne les exigences et les attentes en matière de performances, de fiabilité, et de satisfaction client. Elle doit rester un critère essentiel à chaque étape de la planification des moyens, car elle garantit que les solutions proposées répondent aux besoins initiaux.

Application dans ©PSMI : Chaque solution doit être accompagnée d'indicateurs clairs de qualité (KPI) mesurables pour permettre une évaluation continue de la performance par rapport aux attentes.

## b. Coût de Fabrication

Le coût est l'un des aspects critiques de toute planification de projet. L'analyse de la valeur veille à maintenir les coûts dans des limites acceptables, tout en maximisant la qualité.

Application dans ©PSMI : Pour chaque arborescence de solution, une évaluation financière doit être réalisée pour estimer les ressources nécessaires, non seulement en termes de coûts directs (matériel, production) mais aussi de coûts indirects (formations, mise en place de nouveaux systèmes).

## c. Temps de Développement : La Troisième Dimension

L'ajout du temps à l'analyse de la valeur permet de prendre en compte la durée nécessaire au développement et à la mise en œuvre de la solution. Cette dimension est cruciale, surtout lorsqu'il s'agit de projets à long terme où l'évolution technologique est un facteur clé.

Application dans ©PSMI : Il est important de définir un horizon temporel pour chaque solution, en prévoyant des jalons intermédiaires et des ajustements au fil du temps. L'évolution technologique sur un horizon de plus de deux ans doit être anticipée, et des marges d'adaptabilité doivent être intégrées pour prendre en compte les avancées technologiques futures.

5. Anticipation de l'Évolution Technologique
Dans des projets à long terme, les technologies évoluent inévitablement, et il est impératif de prévoir ces évolutions pour éviter que les solutions mises en place ne deviennent rapidement obsolètes. Cela implique une veille technologique continue et l'intégration de nouvelles technologies dès qu'elles deviennent disponibles et matures.

a. Veille Technologique Continue
Une veille continue doit être mise en place pour identifier les technologies émergentes qui pourraient améliorer ou perturber les solutions proposées. Cela permet d'adapter les solutions au fur et à mesure, plutôt que de subir des retards ou des surcoûts en raison d'évolutions non anticipées.

Application dans ©PSMI : Chaque solution doit inclure une marge de flexibilité technologique, permettant d'intégrer de nouvelles innovations sans impacter significativement le coût ou la qualité. Un audit technologique régulier devrait être prévu à chaque étape du projet.

## b. Révision des Solutions en Cours de Développement

En fonction des avancées technologiques, il peut être nécessaire de réviser certaines solutions avant leur mise en œuvre. Cette flexibilité permet de garantir que les solutions ne sont pas simplement adaptées aux conditions actuelles, mais qu'elles restent pertinentes tout au long du projet.

Application dans ©PSMI : Inscrire des points de contrôle réguliers dans le plan de projet pour évaluer l'état des technologies utilisées et ajuster les moyens prévus en fonction des nouvelles opportunités technologiques.

## 6. Intégration de l'Earned Value Management (EVM) pour un Pilotage Efficace

L'EVM est un outil de pilotage qui permet de mesurer la performance des coûts et la progression du projet par rapport aux objectifs fixés. Il est particulièrement utile pour des projets de longue durée, où les écarts entre la planification initiale et l'avancement réel peuvent devenir critiques.

### a. Planification Basée sur la Valeur

L'EVM permet de suivre en temps réel le rapport entre les coûts engagés et l'avancement du projet. Cela permet d'ajuster les moyens en fonction des résultats obtenus et de réallouer les ressources de manière optimale.

Application dans ©PSMI : Pour chaque arborescence de solution, il est possible de définir des jalons EVM qui suivent à la fois les coûts (plafond budgétaire) et l'avancement technique. Cela permet d'évaluer si le projet est en avance, en retard, ou dans les temps, en fonction de la valeur acquise.

b. Anticipation des Risques
Grâce à l'EVM, il est possible d'anticiper des écarts budgétaires ou des retards en temps réel, permettant ainsi de mettre en place des plans de correction avant qu'il ne soit trop tard.

Application dans ©PSMI : Utiliser des indicateurs de performance basés sur l'EVM pour réagir rapidement aux déviations dans les coûts ou les délais. Cela permet d'intégrer des solutions correctives en cours de développement sans perturber la qualité finale.

7. Synthèse pour la Phase 3 de ©PSMI
L'enrichissement de cette phase avec une analyse de la valeur revisitée, tenant compte de l'évolution technologique et du temps, permet une planification plus robuste et adaptable. En intégrant la qualité, le coût, et le temps, tu renforces la capacité à gérer des

projets de longue durée tout en restant à la pointe de l'innovation.

Approche Structurée :
Qualité Attendue : Mesurer la performance par des indicateurs clairs.
Coût de Fabrication : Évaluation complète des ressources, y compris les coûts indirects.
Temps de Développement : Planifier en tenant compte des jalons technologiques et des audits réguliers.

Anticipation de l'Évolution Technologique : Prévoir les avancées futures pour adapter les solutions à long terme.

Pilotage par la Valeur Acquise (EVM) : Mesurer et ajuster en temps réel l'avancement du projet et des coûts.

En ajoutant cette troisième dimension temporelle et en anticipant l'évolution technologique, On garantit une planification plus dynamique et adaptable, essentielle pour la réussite des projets de longue durée. L'intégration de l'EVM permet un suivi précis et une gestion proactive, optimisant les ressources et assurant le succès des solutions mises en œuvre dans le cadre de ta méthode ©PSMI.

Phase 4 : Mesure des Impacts
Mesure des Impacts pour Chaque Arborescence de Moyens

Enrichie par l'intégration de la norme ISO 14000 et l'anticipation des impacts environnementaux sur le cycle de vie des ensembles et sous-ensembles. Dans la phase finale de ta méthode ©PSMI, l'accent est mis sur l'évaluation des impacts des moyens déployés pour chaque solution. L'intégration de la norme ISO 14000 dans cette phase permettra d'élargir l'analyse aux impacts environnementaux en adoptant une approche basée sur le cycle de vie des produits, services, et sous-ensembles. Cette approche proactive garantit que les projets prennent en compte la durabilité et les normes écologiques dès la phase de planification.

## 8. Norme ISO 14000 : Anticipation des Impacts Environnementaux

La norme ISO 14000 fournit un cadre pour mettre en œuvre un système de management environnemental (SME). Elle aide les organisations à réduire leur impact sur l'environnement, à se conformer aux réglementations légales, et à améliorer leur performance environnementale tout au long du cycle de vie d'un produit ou d'un projet.

### a. Anticipation du Cycle de Vie des Ensembles et Sous-ensembles

L'analyse du cycle de vie (ACV) est un des piliers de la norme ISO 14000. Elle consiste à évaluer l'impact environnemental de chaque étape du cycle de vie d'un produit, depuis l'extraction des matières premières jusqu'à la fin de vie (recyclage ou élimination).

Application dans ©PSMI : Pour chaque solution déployée, il est essentiel d'évaluer le cycle de vie des moyens technologiques, financiers et humains planifiés. Cela inclut non seulement le produit final, mais également les sous-ensembles, les matériaux, les composants, et les processus de fabrication. Chaque solution doit être accompagnée d'une analyse d'impact environnemental sur la durée de vie prévue de ses composants, et des critères de fin de vie, comme le recyclage ou la réutilisation des matériaux.

b. Minimisation des Impacts au Niveau des Sous-ensembles
La norme encourage également à minimiser les impacts environnementaux au niveau des sous-ensembles. Cela peut passer par une réduction des émissions de gaz à effet de serre lors de la production, l'utilisation de matériaux recyclables, ou encore la réduction de la consommation d'énergie.

Application dans ©PSMI : Pour chaque solution identifiée, il est possible de définir des mesures de réduction de l'impact au niveau des sous-ensembles. Cela peut inclure la sélection de matériaux écologiques, la réduction des déchets lors de la production, ou l'intégration de processus de fabrication à faible empreinte carbone.

9. Cycle de Vie et Conception Écologique

L'intégration de la conception écologique (éco-conception) permet d'optimiser les ressources dès la phase de développement en tenant compte des contraintes environnementales. Cela inclut l'utilisation de technologies durables, la conception pour la durabilité, et l'optimisation des processus pour minimiser les impacts environnementaux tout au long du cycle de vie.

a. Conception pour la Durabilité

La conception pour la durabilité implique de maximiser la durée de vie des produits et des systèmes tout en réduisant leur impact sur l'environnement. Cela passe par la sélection de technologies qui réduisent la consommation de ressources et d'énergie, et par une conception modulaire qui facilite la réparation et le remplacement des pièces, au lieu de créer des déchets.

Application dans ©PSMI : Pour chaque solution, il est essentiel d'intégrer des critères de durabilité dans la conception, tels que l'utilisation de technologies à faible impact, l'optimisation des cycles d'utilisation des composants, et l'intégration de processus de maintenance qui prolongent la durée de vie des sous-ensembles.

b. Éco-Conception et Matériaux Durables

L'éco-conception implique également de choisir des matériaux durables, recyclables ou réutilisables. En sélectionnant des matériaux qui ont un faible impact environnemental, les projets peuvent non seulement respecter les normes écologiques, mais également réduire leurs coûts à long terme en matière de gestion des déchets et de recyclage.

Application dans ©PSMI : Une analyse des matériaux doit être réalisée pour chaque solution afin de s'assurer qu'ils sont durables, recyclables, et qu'ils minimisent les émissions de CO2 tout au long de leur cycle de vie. Des critères de réutilisation et de recyclage doivent également être intégrés dans les solutions proposées.

10. Planification du Cycle de Vie et Dépenses à Long Terme

Une des implications majeures de l'anticipation du cycle de vie dans la gestion des projets est de prévoir les coûts environnementaux sur la durée de vie d'un produit ou d'un projet. Ces coûts peuvent inclure la gestion des déchets, le recyclage, ou les émissions de gaz à effet de serre. L'ajout de la norme ISO 14000 permet de quantifier et de prévoir ces dépenses dès la phase de planification.

a. Coûts Environnementaux sur le Long Terme

L'intégration des coûts liés aux impacts environnementaux dans le cadre du cycle de vie permet de mieux piloter les ressources financières. Plutôt que de seulement évaluer le coût immédiat de production, il est important de calculer les coûts environnementaux différés, tels que la gestion des déchets ou les régulations en matière de CO2 qui pourraient impacter le projet à long terme.

Application dans ©PSMI : L'utilisation de la norme ISO 14000 aide à identifier les points critiques où les coûts environnementaux peuvent survenir, et à prévoir des stratégies pour les atténuer. Par exemple, des solutions peuvent être optimisées pour limiter la consommation d'énergie pendant leur utilisation, ou des matériaux durables peuvent être choisis pour réduire les frais liés au recyclage.

b. Optimisation du Cycle de Vie par les Dépenses
Le modèle de cycle de vie doit également inclure un volet financier qui prend en compte les dépenses liées à la conformité environnementale. Cela inclut le respect des réglementations en matière de réduction des émissions, l'optimisation de l'énergie, et la gestion des déchets.

Application dans ©PSMI : Les solutions doivent être accompagnées de prévisions financières intégrant ces coûts environnementaux sur l'ensemble du cycle de vie. Une analyse de la valeur environnementale peut être utilisée pour calculer les économies potentielles liées à des choix de conception respectueux de l'environnement.

11. Impact Environnemental et Pilotage par la Valeur Acquise
L'intégration de la valeur acquise dans l'anticipation des impacts environnementaux permet de piloter le

projet en prenant en compte les objectifs environnementaux définis par la norme ISO 14000.

a. Mesure de la Valeur Environnementale
En plus des indicateurs de performance traditionnels, il est important de définir des indicateurs de performance environnementale qui permettent de mesurer la progression par rapport aux objectifs écologiques du projet.

Application dans ©PSMI : Pour chaque solution, il est possible de définir des jalons environnementaux qui mesurent la réduction des émissions de $CO_2$, l'utilisation des matériaux recyclables, et la gestion des déchets. Ces indicateurs sont intégrés dans le pilotage par la valeur acquise afin de s'assurer que le projet reste aligné avec les objectifs environnementaux tout au long de son cycle de vie.

L'enrichissement de cette phase avec la norme ISO 14000 permet d'adopter une approche écologique et durable dans la gestion de projet. En intégrant l'analyse du cycle de vie, l'éco-conception, et la gestion des impacts environnementaux dès la phase de planification, ta méthode ©PSMI permet non seulement d'optimiser la qualité et les coûts, mais aussi d'assurer la conformité environnementale sur la durée du projet.

La combinaison de la gestion des impacts environnementaux et du pilotage par la valeur acquise garantit que les projets sont non seulement financièrement viables, mais également respectueux de l'environnement, anticipant ainsi les évolutions réglementaires et technologiques à venir.

Illustration d'un diagramme ©PSMI

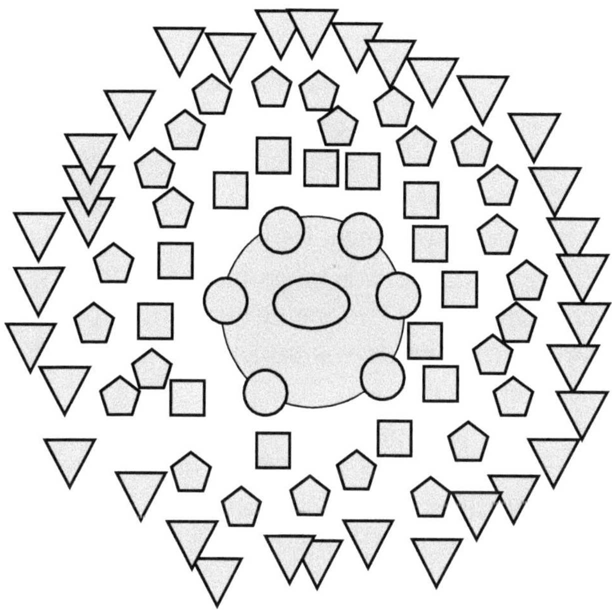

# ANNEXE III - Grille d'Audit ©PSMI

L'audit flash PSMI s'appuie sur une analyse des neuf processus et des quarante-quatre critères fondamentaux, offrant un diagnostic précis sur des points clés comme le management des exigences clients, la gestion des risques et opportunités, et le suivi de la performance.

En pratique, voici ce que l'audit flash permet de réaliser :

✓ Identifier les améliorations immédiates : grâce à une analyse systémique de vos processus, nous repérons rapidement les leviers d'optimisation.

✓ Optimiser vos ressources et vos délais : en se concentrant sur les points critiques, cet audit renforce la qualité de vos projets tout en maîtrisant les coûts et le temps.

✓ Garantir un suivi des impacts : en intégrant l'approche PSMI, nous mesurons l'impact de chaque action, facilitant les ajustements et assurant la cohérence de vos projets avec vos objectifs stratégiques.

Pour bien préparer l'audit flash avec la méthode ©PSMI, voici une liste de documents que l'entreprise doit rassembler à l'avance :

Cahier des charges et exigences clients
Spécifications initiales du client et toute documentation relative aux besoins clients.
Évolutions ou modifications des exigences depuis le démarrage du projet.

Contrats et accords
Contrats principaux et éventuels avenants ou amendements.
Accord de partenariat avec les fournisseurs et partenaires.

Documents de planification de projet
Structure de découpage du projet (PBS/WBS).
Plan de projet global, y compris les plannings et les échéances.

Budgets et prévisions financières
Budget du projet et coûts estimés.
Prévisions budgétaires et rapports de suivi financier.

Indicateurs de performance et tableaux de bord
Tableaux de bord actuels et tout indicateur de performance (KPI).
Rapports sur les performances passées et actuelles du projet.
Analyse des risques et opportunités
Registres de risques et d'opportunités, y compris les évaluations et plans de réponse.
Actions préventives et correctives mises en place.

Données de gestion des fournisseurs et partenaires
Critères de sélection et de suivi des fournisseurs.
Évaluations et audits de la qualité des partenaires.

Documents de développement produit
Cahiers des charges techniques et spécifications produits.

Liste des contraintes techniques et environnementales (notamment liées à la production et au SLI).

Organigramme de l'équipe projet et répartition des rôles
Structure de l'équipe projet et affectations spécifiques.
Processus de communication interne et de reporting.
Ces documents permettront à l'équipe d'audit de saisir rapidement les enjeux clés du projet et de réaliser un diagnostic précis et constructif.

## QUESTIONNEMENT AUDIT ©PSMI
## PROCESSUS 1 : MANAGEMENT DES EXIGENCES CLIENTS

Problématiques :
Les exigences client sont-elles bien comprises et partagées ?
Les incohérences entre données projet et exigences sont-elles identifiées et documentées ?
Solutions :
L'équipe est-elle engagée dans la clarification et l'évolution des exigences client ?
Moyens :
Des outils et processus de traçabilité bi-directionnelle des exigences sont-ils en place ?
Impacts :
Les changements d'exigences client impactent-ils les performances et résultats du projet ?

PROCESSUS 2 : MANAGEMENT DES CONTRATS

Problématiques :

Y a-t-il des exigences non techniques dans les contrats qui pourraient créer des obstacles ?

Solutions :

Existe-t-il des procédures claires pour les opportunités d'amendement et les informations contractuelles ?

Moyens :

La base contractuelle est-elle bien maintenue et structurée ?

Impacts :

Les mesures pour éviter les pénalités et interpréter les obligations sont-elles efficaces ?

PROCESSUS 3 : MANAGEMENT DE PROJET

Problématiques :

La structuration du projet répond-elle efficacement aux objectifs fixés ?

Solutions :

Existe-t-il un processus pour ajuster la planification et les ressources en cas de changement ?

Moyens :

Le budget et les ressources sont-ils alloués de manière optimale pour garantir le succès du projet ?

Impacts :

Comment l'atteinte des objectifs est-elle mesurée et ajustée si nécessaire ?

PROCESSUS 4 : MONITORING & CONTRÔLE

Problématiques :

Les indicateurs de performance utilisés sont-ils adaptés et fiables ?

Solutions :

Les revues d'avancement permettent-elles de détecter les risques ou opportunités ?

Moyens :

Existe-t-il un processus pour les actions correctives et préventives ?

Impacts :

Comment les ajustements de performance sont-ils suivis pour améliorer le projet ?

## PROCESSUS 5 : MANAGEMENT DU DÉVELOPPEMENT

Problématiques :

Les baselines des livrables sont-elles claires et alignées avec les objectifs du projet ?

Solutions :

Comment les évolutions sont-elles gérées pour préserver la stabilité des baselines ?

Moyens :

Les audits de performance des baselines de configuration sont-ils réguliers ?

Impacts :

Les plans d'actions pour gérer les évolutions atteignent-ils les résultats escomptés ?

## PROCESSUS 6 : MANAGEMENT DES RISQUES ET DES OPPORTUNITÉS

Problématiques :

Les risques et opportunités sont-ils bien identifiés dès le départ ?

Solutions :

Un plan d'action est-il défini pour chaque risque et opportunité identifié ?

Moyens :

Les ressources pour le suivi des risques sont-elles suffisantes ?

Impacts :

L'atteinte des objectifs est-elle influencée positivement par la gestion des risques/ opportunités ?

## PROCESSUS 7 : MANAGEMENT DES PARTENAIRES ET DES FOURNISSEURS

Problématiques :

La définition des périmètres de responsabilité est-elle bien établie ?

Solutions :

Comment les relations contractuelles et la communication avec les fournisseurs sont-elles gérées ?

Moyens :

Existe-t-il un processus pour évaluer et sélectionner des fournisseurs qualifiés ?

Impacts :

Les relations avec les fournisseurs impactent-elles positivement les résultats ?

## PROCESSUS 8 : DÉVELOPPEMENT PRODUIT

Problématiques :

Les exigences clients sont-elles correctement allouées aux composants produits ?

Solutions :

Comment sont définies les interfaces internes et externes pour un développement cohérent ?

Moyens :

L'intégration des contraintes de production est-elle prise en compte dès la phase de conception ?

Impacts :

L'optimisation des produits répond-elle aux exigences de performance et de qualité ?


PROCESSUS 9 : MANAGEMENT D'ÉQUIPE

Problématiques :

Les compétences nécessaires sont-elles bien alignées avec les besoins du projet ?

Solutions :

Comment sont gérés les conflits de ressources et la charge de travail ?

Moyens :

Existe-t-il un système de communication efficace pour assurer une compréhension commune des objectifs ?

Impacts :

La gestion de l'équipe contribue-t-elle positivement aux résultats du projet ?


Ce modèle d'audit flash permet une vue rapide mais complète de l'efficacité des processus selon la méthode ©PSMI, en mettant l'accent sur les aspects clés de chaque processus et en assurant que les projets sont alignés avec une approche systémique et durable.

## ANNEXE IV - Cas prospectif du « Voyage jusqu'au centre de la Lune ».

La première mine d'extraction sur la Lune : un projet réaliste à 5 ans
En 2029, l'humanité franchira une nouvelle étape dans la conquête spatiale avec la création de la première mine d'extraction sur la Lune. Ce projet, mené par un consortium international rassemblant agences spatiales et entreprises privées, vise à exploiter les ressources lunaires, notamment l'hélium-3, un isotope rare dont l'utilisation pourrait révolutionner la production d'énergie sur Terre via la fusion nucléaire. Après des décennies de missions d'exploration robotisées, la phase d'exploitation lunaire devient enfin une réalité, grâce à des innovations technologiques qui rendent possible ce qui semblait encore utopique quelques années auparavant.

Le choix du site minier a été stratégique. Située au pôle Sud de la Lune, près du cratère Shackleton, cette base bénéficie d'un accès à la lumière solaire presque en continu, un avantage crucial pour les panneaux solaires qui alimentent les infrastructures. De plus, les relevés effectués par des missions comme Lunar Reconnaissance Orbiter et Artemis ont confirmé la présence de gisements d'hélium-3 dans le régolithe, ainsi que des poches d'eau gelée à proximité, essentielle pour la production d'hydrogène et d'oxygène.

Plutôt que d'envoyer une équipe humaine pour un travail continu dans des conditions hostiles, le projet repose sur une infrastructure robotisée avancée. Des foreuses automatisées, équipées de capteurs laser et de systèmes de navigation autonome, ont été déployées pour creuser dans le régolithe lunaire et extraire les matériaux nécessaires. Ces machines, conçues par des compagnies comme Astrobotic et Blue Origin, sont capables de fonctionner en autonomie pendant plusieurs semaines, collectant des échantillons et les transportant vers une unité centrale de traitement.

L'hélium-3 est extrait à partir du régolithe lunaire chauffé à haute température, une technologie développée en partenariat avec la NASA et l'ESA. L'oxygène et l'hydrogène présents dans les glaces souterraines sont également collectés et traités pour alimenter les besoins en carburant et en eau de la base.

Bien que l'extraction soit largement automatisée, une équipe de scientifiques et d'ingénieurs, principalement basée sur Terre, surveille et contrôle les opérations via des liaisons satellitaires. Les communications avec la base lunaire sont relayées par le satellite Lunar Gateway, positionné en orbite autour de la Lune. Quelques astronautes, sur place dans un habitat pressurisé, interviennent pour des réparations et des ajustements techniques complexes que les robots ne peuvent pas encore gérer seuls. Ils effectuent également des relevés géologiques et installent de nouveaux équipements à mesure que l'exploration progresse.

Le commandement et son équipe doivent s'assurer que la logistique de la mission se déroule comme prévu. Leur habitat, situé à quelques kilomètres du site d'extraction, est entièrement alimenté par des panneaux solaires et une petite centrale nucléaire à fission compacte. Leurs sorties extravéhiculaires sont rares et minutieusement planifiées pour limiter les risques d'exposition aux radiations et aux poussières lunaires abrasives.

Malgré les avancées technologiques, les opérations minières ne se déroulent pas sans heurts. Les conditions lunaires imposent des contraintes inattendues : les températures extrêmes, oscillant entre -170 °C la nuit et plus de 120 °C le jour, compliquent le fonctionnement continu des machines. Les foreuses doivent être régulièrement arrêtées pour éviter la surchauffe, et des pannes imprévues nécessitent des interventions humaines.

De plus, la poussière lunaire, extrêmement fine et abrasive, s'infiltre dans les joints et les circuits des machines, réduisant leur efficacité et causant des pannes plus fréquentes que prévu. L'équipe technique sur Terre collabore avec les astronautes sur place pour adapter les équipements en temps réel, testant de nouvelles techniques pour protéger les composants sensibles.

Après plusieurs mois de défis techniques et d'adaptations, les efforts commencent à porter leurs fruits. Les foreuses automatisées extraient régulièrement de l'hélium-3, stocké dans des conteneurs pressurisés en attente de rapatriement vers la Terre. L'hydrogène et l'oxygène, extraits de l'eau lunaire, servent à alimenter les véhicules de transport lunaires ainsi que les systèmes de survie de la base.

En parallèle, l'équipe sur place poursuit ses recherches géologiques et découvre que, sous la surface, des veines métalliques contenant du platine, du nickel et d'autres métaux précieux sont plus abondantes que prévu. Ces métaux, essentiels pour les technologies de pointe sur Terre, ouvrent la voie à une exploitation encore plus vaste des ressources lunaires.

Le succès des premiers mois d'extraction lunaire marque le début d'une nouvelle ère pour l'exploitation des ressources extraterrestres. Les résultats dépassent les attentes des financiers et des agences spatiales, qui prévoient déjà d'étendre les opérations à d'autres régions de la Lune, voire à d'autres corps célestes comme Mars ou les astéroïdes.

Des projets de raffineries lunaires sont en cours, permettant un traitement plus efficace des ressources sur place avant leur rapatriement vers la Terre. De nouvelles technologies de propulsion, basées sur l'hélium-3, sont en développement pour accélérer le transport entre la Terre et la Lune, réduisant les coûts et le temps des missions futures.

Les équipes d'ingénieurs et de scientifiques envisagent déjà la création de colonies permanentes, soutenues par l'exploitation minière et la production locale d'eau et d'oxygène. La Lune, autrefois simple objet d'exploration, devient une véritable base d'opérations pour l'avenir de l'humanité dans l'espace.

Dans les cinq ans qui suivent cette première réussite, la Lune n'est plus simplement un rêve d'explorateurs ou un lieu de missions scientifiques ponctuelles. Elle devient un nouvel Eldorado, un pilier central dans la construction d'une civilisation interplanétaire. Ce qui n'était autrefois qu'une vision utopique, entre science-fiction et ambition humaine, se concrétise à travers la première mine lunaire : un projet ancré dans la réalité de 2029 et propulsant l'humanité vers un futur où les ressources spatiales façonnent notre civilisation.

Le rêve de Verne, en quelque sorte, est réalisé, mais d'une manière que même le grand visionnaire n'aurait pu imaginer…

Aujourd'hui, grâce aux missions spatiales et aux observations scientifiques, nous avons une connaissance relativement détaillée de la composition de la Lune et de ses ressources minières potentielles. Bien que la Lune soit un environnement hostile et difficile à exploiter, elle contient plusieurs matériaux précieux qui pourraient être utiles pour l'industrie terrestre et pour le soutien des missions spatiales futures.

## 1. Régolithe lunaire

Le sol lunaire, appelé régolithe, est un mélange de poussières, de roches fragmentées et de débris météoritiques. Il contient une variété d'éléments et de minéraux intéressants :

- ✓ Oxygène : L'oxygène est piégé dans les oxydes métalliques présents dans le régolithe (notamment sous forme de silicates). Il pourrait être extrait pour soutenir des missions humaines, en produisant de l'air respirable ou du carburant pour fusée (sous forme d'oxygène liquide).

- ✓ Silicium : Très abondant, le silicium est utilisé dans la fabrication de semi-conducteurs et pourrait aussi être utilisé pour la fabrication de panneaux solaires sur la Lune.

## 2. Hélium-3 ($^3$He)

L'hélium-3 est l'une des ressources lunaires les plus souvent mentionnées en raison de son potentiel dans la fusion nucléaire. Sur Terre, l'hélium-3 est très rare, mais sur la Lune, il est présent en quantités relativement importantes, piégé dans la surface du régolithe en raison de l'absence d'atmosphère et de l'exposition au vent solaire.

Utilisation potentielle : L'hélium-3 pourrait être utilisé comme carburant pour la fusion nucléaire, une forme d'énergie propre et potentiellement quasi illimitée, mais les technologies nécessaires pour exploiter cette énergie ne sont pas encore pleinement développées.

## 3. Métaux rares

La Lune contient divers métaux qui peuvent être extraits du régolithe ou de gisements plus profonds, y compris :

✓ Titane : Sous forme d'ilménite ($FeTiO_3$), le titane est un métal léger et résistant, utilisé dans la fabrication d'alliages et d'équipements spatiaux.

✓ Fer : Présent sous forme d'oxydes de fer, il pourrait être utilisé pour la fabrication d'outils et de structures.

✓ Aluminium : Utilisé dans les alliages, l'aluminium est abondant et pourrait être extrait pour la construction d'infrastructures lunaires.

✓ Magnésium et Calcium : Présents dans le régolithe, ces éléments ont divers usages industriels.

✓ Terres rares : Certains experts pensent que la Lune pourrait contenir des éléments de terres rares, comme le néodyme, utilisés dans les technologies avancées (électronique, batteries, etc.). Cependant, cette hypothèse doit encore être confirmée par des analyses plus poussées.

## 4. Eau

La découverte d'eau sous forme de glace dans les régions ombragées des pôles lunaires a été l'une des découvertes les plus importantes. L'eau pourrait être utilisée pour soutenir les missions humaines (eau potable), mais aussi pour produire de l'hydrogène et de l'oxygène, nécessaires pour le carburant de fusée et pour les systèmes de support vital.

## 5. Autres éléments

Soufre : Utilisé dans la production de matériaux de construction et dans certains processus chimiques.

Potassium et Phosphore : Potentiellement utiles pour les systèmes de support vital et l'agriculture dans des colonies lunaires.

La Lune est riche en ressources potentiellement exploitables, dont certaines pourraient jouer un rôle clé dans la transition vers une économie spatiale. L'exploitation de l'hélium-3 pour la fusion nucléaire et la production d'oxygène et d'eau à partir du régolithe et des glaces polaires sont deux des scénarios les plus souvent envisagés pour des missions futures. Toutefois, des défis technologiques et économiques majeurs demeurent avant que ces ressources puissent être extraites à grande échelle et utilisées de manière rentable.

Mettre en œuvre l'extraction minière sur la Lune nécessite de surmonter des défis technologiques, économiques, environnementaux et politiques. Plusieurs scénarios ont été envisagés pour rendre cette exploitation viable. Voici quelques scénarios réalistes, basés sur les avancées technologiques actuelles et les stratégies des agences spatiales et des entreprises privées :

1. Scénario de l'exploitation robotisée
Dans un avenir proche, la première phase d'extraction minière sur la Lune sera probablement entièrement automatisée. Ce scénario repose sur le développement et l'utilisation de robots capables de fonctionner dans les conditions hostiles de la surface lunaire.

Phase de déploiement initial : Des robots spécialisés dans l'extraction (foreuses, excavatrices, etc.) et le traitement des matériaux (raffineries mobiles) sont envoyés par des missions inhabitées. Ces machines seraient contrôlées à distance depuis la Terre, ou de façon semi-autonome avec un réseau de satellites pour la communication en temps réel.

Technologie clé : L'automatisation et l'intelligence artificielle (IA) seront cruciales pour la gestion des opérations minières. Des systèmes autonomes devront être capables d'extraire des matériaux, de traiter les minerais sur place, et de stocker les ressources extraites dans des modules de transport.

Extraction des ressources : Les robots pourraient extraire de l'hélium-3, du régolithe pour produire de l'oxygène et de l'eau, ainsi que des métaux rares comme le titane, le fer et l'aluminium. Ces ressources seraient ensuite soit utilisées pour des missions lunaires, soit ramenées sur Terre via des véhicules de transport.

Avantages : Ce scénario permet de minimiser les risques pour les humains, tout en réduisant les coûts liés à la survie humaine sur la Lune (eau, air, nourriture, etc.).

2. Scénario de la base humaine avancée
Une autre étape clé consisterait à établir une base humaine permanente ou semi-permanente pour surveiller et gérer les opérations minières. Ce scénario implique une collaboration étroite entre les agences spatiales internationales, comme la NASA, l'ESA et des acteurs privés.

Infrastructure : La base lunaire servirait de centre logistique pour les opérations minières. Elle comprendrait des habitats pressurisés, des panneaux solaires pour l'énergie, et des systèmes de support de vie capables de recycler l'eau et l'air. Les astronautes et ingénieurs sur place interviendraient en cas de dysfonctionnement majeur des machines autonomes et optimiseraient les processus d'extraction.

Production locale : La production d'eau (à partir de la glace polaire) et d'oxygène (à partir du régolithe) permettrait de rendre la base autosuffisante pour les besoins en air et en carburant. Le recyclage des ressources serait essentiel pour la durabilité de la mission.

Exploitation des ressources : En plus de l'hélium-3 et des métaux rares, la base pourrait s'approvisionner en hydrogène et oxygène pour alimenter des systèmes de propulsion de fusées et rendre les missions lunaires économiquement plus viables.

Avantages : La présence humaine offrirait une flexibilité supérieure pour réagir aux imprévus et optimiser les opérations. Cela permettrait également d'élargir les activités scientifiques en parallèle des opérations minières.

3. Scénario de partenariat public-privé
Dans ce scénario, des entreprises privées, comme SpaceX, Blue Origin, ou Moon Express, jouent un rôle central dans l'exploitation minière lunaire, en partenariat avec les agences spatiales nationales. Ce modèle favoriserait une approche plus compétitive et permettrait de mobiliser des capitaux importants.

Phase initiale : Les entreprises privées mènent des missions de reconnaissance pour identifier les sites les plus prometteurs. Les données collectées sont ensuite utilisées pour planifier les infrastructures minières.

Investissements conjoints : Les gouvernements investissent dans les infrastructures de base (satellites de communication, bases lunaires, etc.), tandis que les entreprises privées financent les systèmes d'extraction et de transport. Ce modèle est similaire à celui déjà en place pour l'exploration spatiale, où la NASA achète des services de transport à SpaceX, par exemple.

Extraction de ressources : L'hélium-3, les métaux rares et l'eau seraient exploités par des technologies issues du secteur privé, tandis que des entreprises spécialisées traiteraient ces matériaux pour le transport vers la Terre ou pour une utilisation directe sur la Lune (habitats, construction de nouvelles infrastructures).

Retour sur investissement : Le modèle économique serait basé sur la vente des ressources spatiales (hélium-3 pour la fusion, métaux rares pour l'industrie high-tech) et sur l'implantation de nouvelles technologies sur Terre. Les acteurs privés chercheraient à obtenir un retour sur investissement en commercialisant ces matériaux.

4. Scénario du centre industriel lunaire
À plus long terme, la Lune pourrait devenir un centre industriel pour la construction de matériel destiné à l'espace, réduisant ainsi la dépendance à la Terre pour les approvisionnements.

Usines lunaires : Avec l'expansion des capacités d'extraction et de transformation des matériaux lunaires, des usines pourraient être établies sur la Lune pour construire des éléments de stations spatiales, des satellites ou des véhicules spatiaux directement sur place. Cela permettrait de contourner les coûts élevés de lancement depuis la Terre.

Technologie clé : L'impression 3D avec des matériaux extraits localement serait essentielle pour la construction d'infrastructures spatiales. Le régolithe pourrait être utilisé pour créer des habitats, des panneaux de protection contre les radiations, ou même des composants électroniques.

Avantages : Ce scénario exploiterait pleinement les ressources lunaires pour créer une infrastructure spatiale autonome, réduisant les coûts et ouvrant la voie à une véritable colonisation lunaire.

5. Scénario de l'économie lunaire circulaire
Dans ce scénario, l'accent est mis sur une exploitation durable et autosuffisante des ressources lunaires, avec un objectif de minimisation de l'impact sur l'environnement spatial.

Recyclage des ressources : L'eau, l'oxygène, l'hydrogène et les matériaux miniers extraits seraient intégralement recyclés et réutilisés pour les opérations futures. L'idée serait d'adopter une approche circulaire, où chaque élément extrait ou produit sur la Lune serait réintégré dans le cycle économique local.

Gestion des déchets spatiaux : La production de déchets sur la Lune, que ce soit des débris métalliques ou des matériaux usés, serait strictement contrôlée pour éviter la création de débris spatiaux autour de la Lune ou des pollutions locales.

Avantages : Cette approche réduirait les besoins en approvisionnement depuis la Terre, rendant les missions à long terme plus durables et économiquement viables.

Les scénarios d'extraction minière sur la Lune combinent des avancées technologiques et des modèles de collaboration public-privé pour réaliser l'exploration de ressources extraterrestres. Le succès de ces scénarios dépendra d'une combinaison de technologies de pointe (robots autonomes, intelligence artificielle, impression 3D, etc.), de la création d'infrastructures adéquates (bases lunaires et satellites de communication), et d'une gouvernance internationale pour réguler l'exploitation des ressources spatiales. Si les premières missions robotiques automatisées pourraient voir le jour d'ici 5 à 10 ans, la création d'une économie lunaire pleinement fonctionnelle reste un projet à plus long terme.

Pour appliquer la méthode ©PSMI (Problématiques-Solutions-Moyens-Impacts) à la mise en œuvre d'un projet d'extraction minière sur la Lune, nous allons structurer le processus en quatre étapes clés : identification des problématiques, définition des solutions, planification des moyens, et évaluation des impacts. Cette approche systémique permet d'avoir une vision claire des défis et des réponses possibles dans un cadre réaliste, tout en anticipant les évolutions technologiques et les impacts environnementaux et sociétaux.

## 1. Problématiques

Les problématiques sont multiples et touchent à des domaines technologiques, économiques, environnementaux et réglementaires.

### 1.1. Technologiques

Milieu hostile : La Lune présente des températures extrêmes, une absence d'atmosphère, et une gravité réduite, rendant l'exploitation complexe.

Durée des communications : Le délai de communication entre la Terre et la Lune (1,3 seconde) complique les opérations en temps réel.

Ressources limitées sur place : Les matériaux extraits doivent être traités sur place ou envoyés sur Terre, ce qui nécessite une technologie avancée de transformation et de transport.

### 1.2. Économiques

Coûts élevés de transport : L'envoi de matériel et de personnel sur la Lune est extrêmement coûteux.

Retour sur investissement : Le modèle économique de l'exploitation lunaire est incertain, avec des marchés pour l'hélium-3 ou les métaux rares qui doivent encore se développer.

## 1.3. Environnementales

Impact sur l'environnement lunaire : La gestion des déchets et la préservation de l'environnement lunaire sont essentielles pour éviter une pollution spatiale.

## 1.4. Réglementaires

Cadre juridique incertain : Les traités internationaux sur l'exploitation des ressources spatiales (comme le Traité de l'Espace de 1967) ne sont pas clairs sur les droits de propriété et l'exploitation commerciale des ressources lunaires.

## 2. Solutions

Ces solutions doivent répondre aux problématiques identifiées tout en assurant la faisabilité du projet dans un délai réaliste de 5 à 10 ans.

## 2.1. Technologiques

Robots autonomes : Développer des robots autonomes capables d'extraire et de traiter des ressources minières sans assistance humaine directe. Ces robots doivent être résistants aux conditions extrêmes lunaires.

Base de transformation locale : Construire une mini-raffinerie sur la Lune pour traiter le régolithe et extraire l'oxygène, l'hélium-3 et les métaux rares directement sur place, limitant les besoins de transport.

## 2.2. Économiques

Partenariats public-privé : Créer un modèle économique avec des partenariats entre agences spatiales (NASA, ESA) et des entreprises privées (SpaceX, Blue Origin) pour partager les coûts et les bénéfices.

Exploitation sélective : Cibler d'abord des ressources à fort potentiel économique (hélium-3 pour la fusion nucléaire, métaux rares pour les technologies électroniques), avant de diversifier les activités.

## 2.3. Environnementales

Recyclage des matériaux : Mettre en place un système de recyclage pour réduire la quantité de déchets produits et réutiliser au maximum les matériaux extraits pour la construction locale (habitats, outils).

## 2.4. Réglementaires

Clarification juridique : Travailler avec les institutions internationales (ONU, COSPAR) pour clarifier le cadre légal autour de l'exploitation des ressources lunaires et assurer un développement responsable.

## 3. Moyens

Les moyens nécessaires sont à la fois technologiques, financiers, humains et organisationnels.

### 3.1. Technologiques

Développement de robots miniers : Conception et test de machines capables de forer, extraire et traiter les ressources de la Lune. Le robot devra être résistant aux radiations, à la poussière et aux températures extrêmes.

Impression 3D sur la Lune : Mettre en place des installations capables d'utiliser les matériaux lunaires pour fabriquer des infrastructures localement, limitant ainsi les besoins d'envoi de matériel depuis la Terre.

### 3.2. Financiers

Financements privés et publics : Obtenir des financements via des programmes d'investissement publics, des fonds d'innovation spatiale, et des partenariats avec des entreprises du secteur des technologies spatiales et de l'énergie.

### 3.3. Humains

Formation d'ingénieurs spécialisés : Développer des programmes de formation pour former des experts dans la gestion des opérations minières spatiales, y compris la robotique, la gestion à distance et la maintenance des systèmes.

### 3.4. Organisationnels

Coordination inter-agences : Création d'une organisation de gestion dédiée qui regroupe des experts des agences spatiales et du secteur privé pour centraliser les opérations, partager les données et gérer les ressources.

## 4. Impacts

L'exploitation minière de la Lune aura des impacts positifs et négatifs sur les plans technologique, économique, sociétal et environnemental.

### 4.1. Technologiques

Avancées en robotique et IA : Le développement de robots miniers pour la Lune pourra améliorer les technologies robotiques et l'intelligence artificielle, ouvrant des portes à d'autres secteurs industriels (automatisation terrestre, exploration d'autres corps célestes).

### 4.2. Économiques

Nouveaux marchés : La vente de ressources lunaires (hélium-3, métaux rares) pourrait créer de nouveaux marchés et stimuler l'économie spatiale. Ces matériaux pourraient également réduire la dépendance terrestre aux ressources rares, en particulier pour les technologies avancées.

### 4.3. Sociétaux

Pionniers de l'économie spatiale : Ce projet pourrait attirer les talents et favoriser l'émergence d'une nouvelle génération d'ingénieurs et d'entrepreneurs focalisés sur l'exploration spatiale. Il pourrait également influencer les politiques publiques sur les investissements dans l'espace.

## 4.4. Environnementaux

Gestion durable des ressources spatiales : Si le projet est bien encadré, l'exploitation minière lunaire pourrait être menée de façon durable, en veillant à limiter l'impact sur l'environnement lunaire et à utiliser les ressources de manière circulaire.

Synthèse ©PSMI : Exemple d'extraction de l'hélium-3

Problématique : L'hélium-3 est une ressource prometteuse pour la fusion nucléaire, mais son extraction et transport depuis la Lune posent des défis logistiques et technologiques.

Solutions : Développer des robots autonomes capables d'extraire l'hélium-3 à partir du régolithe lunaire, et créer une base de transformation locale pour limiter les besoins en transport.

Moyens : Déployer des robots d'extraction, investir dans la recherche et développement pour l'exploitation de l'hélium-3, et nouer des partenariats public-privé pour partager les coûts.

Impacts : Création d'une nouvelle économie basée sur l'hélium-3 pour la fusion nucléaire, réduction de la dépendance aux énergies fossiles terrestres, et développement de technologies avancées en robotique et énergie.

La méthode ©PSMI permet d'aborder de manière structurée et réaliste les différents défis liés à l'extraction minière lunaire. En formulant les problématiques, en définissant les solutions adaptées, en planifiant les moyens nécessaires et en mesurant les impacts potentiels, cette approche permet d'optimiser le processus de gestion de projet pour garantir la réussite de l'initiative.

# ANNEXE - V Créativité radicale appliquée à l'extraction minière sur la Lune

Intégrer la formule de la créativité radicale (Créativité = Entropie x Émergence x Négentropie) dans la phase "Solutions" de la méthode ©PSMI appliquée à l'extraction minière sur la Lune, nous allons décomposer la formulation en trois axes créatifs principaux. Chaque composant de la formule représente un aspect clé pour l'élaboration de solutions innovantes, disruptives et adaptatives face aux problématiques identifiées.

## 1. Solutions revisitées avec la formule de la créativité radicale

Les solutions doivent s'appuyer sur une approche qui maximise les facteurs d'innovation tout en gardant une stabilité et une structure claire dans l'exécution du projet. Voici comment la formule peut être appliquée :

### 1.1. Entropie : Exploration des possibles

L'entropie représente le désordre, la variété des idées, l'exploration des solutions qui sortent des cadres conventionnels et qui peuvent ouvrir de nouvelles possibilités. Elle favorise l'innovation par le chaos maîtrisé.

Exploitation hybride : Proposer un mix de méthodes d'extraction in situ et à distance. Imaginer un système hybride qui combine des robots semi-autonomes contrôlés depuis des bases orbitales lunaires. Cette flexibilité de gestion permettrait de s'adapter aux conditions imprévues de l'environnement lunaire tout en minimisant les risques pour les humains.

Utilisation du régolithe pour construire : Transformer le régolithe lunaire (la poussière qui couvre la surface de la Lune) en matériaux de construction grâce à des techniques d'impression 3D et de sintrage. Ce processus contribuerait à la fabrication d'infrastructures directement sur place, sans nécessiter le transport massif de matériaux depuis la Terre.

Mining-as-a-Service (MaaS) : Proposer un modèle d'exploitation des ressources lunaires sous forme de service global, permettant à plusieurs pays ou entreprises de louer des capacités d'extraction ou de traitement sans posséder directement les infrastructures lunaires. Cela maximiserait l'efficacité en partageant les ressources techniques ct en réduisant les coûts d'investissement.

1.2. Émergence : Innover par les opportunités
L'émergence correspond à la génération de nouvelles solutions à partir de la complexité des défis rencontrés, en créant des résultats inattendus ou imprévus qui répondent aux besoins futurs.

Fusion énergétique et solutions de transport : Exploiter l'hélium-3 pour non seulement développer des réacteurs à fusion nucléaire sur Terre, mais aussi imaginer des systèmes de propulsion spatiale. Les systèmes basés sur la fusion pourraient permettre de rendre les trajets spatiaux plus efficaces, ouvrant la voie à une exploitation minière à plus grande échelle et à une exploration spatiale accrue.

Extraction par résonance acoustique : Explorer des méthodes d'extraction qui utilisent des technologies encore émergentes comme la résonance acoustique ou les ondes vibratoires, pour cibler des ressources spécifiques sous la surface lunaire. Cela permettrait de minimiser les travaux de forage coûteux et de préserver la structure géologique lunaire.

Automatisation cognitive : Utiliser l'intelligence artificielle pour que les robots apprennent à partir des conditions en temps réel et s'adaptent de manière autonome aux variations de l'environnement lunaire (ex. tempêtes de poussière, températures extrêmes). Cette émergence de l'autonomie pourrait créer une gestion efficace des ressources en réduisant les interventions humaines.

1.3. Néguentropie : Structurer et stabiliser les innovations
La néguentropie est la force opposée à l'entropie : elle vise à donner de la cohérence et de la structure au processus créatif, en canalisant l'énergie du chaos vers une solution stable et durable. Elle assure la gestion efficace des ressources et des risques.

Économie circulaire lunaire : Construire un modèle économique circulaire où les déchets générés par l'exploitation minière lunaire sont réutilisés pour d'autres usages. Par exemple, les matériaux extraits qui ne sont pas immédiatement utiles peuvent être convertis en composants de construction pour des habitats lunaires ou en éléments pour la production d'énergie.

Transport optimisé par couplage orbital : Mettre en place des stations intermédiaires entre la Lune et la Terre pour optimiser les allers-retours de matériel. Cela structurerait les échanges, minimiserait les coûts énergétiques et stabiliserait le flux des ressources extraites, tout en facilitant l'entretien des équipements en cours de transport.

Standardisation des protocoles spatiaux : Créer un ensemble de standards pour l'exploitation minière spatiale, afin d'uniformiser les processus entre différents acteurs (privés, publics, internationaux). Ces normes garantiraient une exploitation durable et efficace, avec des impacts mesurés et minimisés sur l'environnement lunaire.

Synthèse des solutions en utilisant la créativité radicale
La formule Créativité = Entropie x Émergence x Négentropie permet d'obtenir des solutions plus audacieuses et réalistes pour l'extraction minière sur la Lune :

Entropie : Favorise la diversité des approches innovantes en explorant des méthodes de travail non conventionnelles (robots hybrides, exploitation in situ du régolithe).

Émergence : Génère des opportunités inattendues comme l'utilisation de l'hélium-3 pour de nouvelles propulsions spatiales ou des technologies d'extraction basées sur des méthodes non invasives.

Néguentropie : Stabilise ces innovations en les structurant dans un cadre viable économiquement et techniquement, tout en assurant une gestion optimisée des ressources et des risques.

Grâce à cette approche radicale de la créativité, le projet d'extraction minière sur la Lune se transforme en une aventure technologique structurée, qui maximise à la fois l'innovation et la durabilité. Les solutions émergentes seront cruciales pour créer un système d'exploitation lunaire efficace tout en préparant le terrain pour de futures avancées dans l'économie spatiale.

# ANNEXE VI - les loupés de la gestion de projet…

La gestion de projet présente plusieurs défis fréquents, que l'on peut regrouper en plusieurs catégories :

✓ Objectifs peu clairs : Lorsque les objectifs ou les attentes ne sont pas définis clairement dès le départ, cela peut entraîner des malentendus et des résultats qui ne répondent pas aux besoins initiaux.

✓ Planification insuffisante : Un manque de planification stratégique conduit souvent à des retards, des dépassements de coûts et des problèmes de coordination.

✓ Ressources limitées : Que ce soit en termes de personnel, de budget, ou de temps, une allocation inadéquate des ressources peut affecter la qualité et l'efficacité du projet.

✓ Gestion des risques : De nombreux projets échouent parce qu'ils n'ont pas anticipé les risques potentiels. Une gestion proactive des risques est essentielle pour minimiser les imprévus.

✓ Communication inefficace : Les informations mal transmises ou partagées peuvent provoquer des erreurs, des doublons, voire des tensions entre les membres de l'équipe.

✓ ✓Adaptation aux changements : Les projets, surtout les plus longs, sont rarement linéaires. Les exigences évoluent, et si l'équipe ne sait pas s'adapter, cela peut ralentir les progrès.

✓ Suivi et contrôle insuffisants

La WBS (Work Breakdown Structure) ou structure de découpage du projet est un outil clé pour organiser un projet, mais elle peut aussi rencontrer certains problèmes fréquents :

✓ Décomposition excessive ou insuffisante : Trop de niveaux de détail peuvent compliquer la gestion du projet en rendant le suivi laborieux, alors qu'une décomposition insuffisante laisse des zones d'ombre et complique l'affectation des responsabilités.

✓ Confusion dans les responsabilités : Si les tâches ne sont pas clairement définies dans la WBS, cela peut créer des zones grises où personne ne sait précisément qui est responsable de quoi, causant des retards et des erreurs.

✓ Difficulté à estimer les délais et coûts : Une WBS mal structurée peut entraîner des problèmes dans l'estimation du budget et du temps, surtout si les tâches ne sont pas divisées en parties réalistes et mesurables.

✓ Rigidité face aux changements : Une WBS trop rigide peut rendre le projet difficile à adapter lorsque des changements surviennent, entraînant des retards et des révisions coûteuses.

✓ Non-alignement avec les objectifs : Si la WBS ne reflète pas correctement les objectifs du projet, elle risque d'orienter les équipes vers des tâches moins pertinentes, diluant l'efficacité et l'impact du projet.

✓ Manque de clarté dans les dépendances : Une WBS doit montrer les relations entre les tâches. Un manque de clarté sur les dépendances peut engendrer des retards et des blocages dans l'avancement.

✓ Problèmes d'intégration avec d'autres outils : Dans certains cas, une WBS n'est pas facilement intégrée avec les autres outils de gestion de projet ou de planification, créant une déconnexion dans le suivi global du projet.

La Product Breakdown Structure (PBS) est utilisée pour décomposer un produit en ses sous-éléments. Bien qu'elle soit essentielle pour clarifier ce qui doit être livré, elle présente aussi certains défis courants :
✓ Confusion entre PBS et WBS : Parfois, la distinction entre la PBS (centrée sur le produit) et la WBS (centrée sur les tâches) est floue, ce qui peut créer de la confusion sur les responsabilités et le suivi des étapes de production.

✓ Décomposition incomplète : Si la PBS ne couvre pas tous les composants du produit, certains éléments peuvent être négligés, entraînant des lacunes dans les livrables ou la qualité finale du produit.

✓ Difficulté à gérer les versions et variantes : Pour des produits complexes ou modulaires, la gestion des versions dans la PBS peut être difficile, notamment si les composants changent fréquemment ou si des variantes doivent être créées.

✓ Sous-estimation des dépendances : Dans une PBS, les liens entre les composants ne sont pas toujours bien définis. Sans une gestion précise des dépendances, certains éléments risquent de ne pas être disponibles au bon moment, impactant l'assemblage final.

✓ Manque de clarté sur les exigences : Si les exigences pour chaque composant ne sont pas bien définies dans la PBS, des erreurs peuvent se produire lors de la production, impactant la qualité et la conformité du produit final.

✓ Rigidité face aux changements de spécifications : Une PBS rigide peut être difficile à adapter lorsque des changements dans les spécifications du produit sont requis, surtout pour des projets innovants ou en développement agile.

✓ Défaut de synchronisation avec les processus de fabrication : Si la PBS n'est pas bien alignée avec les processus de fabrication, cela peut créer des incohérences ou des retards entre les phases de conception et de production.

La OBS (Organization Breakdown Structure) est un outil qui représente la structure organisationnelle en lien avec le projet, en montrant qui est responsable de quoi dans l'équipe. Elle présente des avantages pour la gestion des responsabilités, mais comporte aussi des défis courants :

✓ Manque de clarté des responsabilités : Si l'OBS n'est pas bien définie, cela peut entraîner des zones de responsabilité floues, où les membres de l'équipe ne savent pas précisément qui gère quel aspect du projet.

✓ Conflits d'autorité : Une OBS mal structurée peut créer des chevauchements dans les responsabilités, entraînant des conflits entre départements ou personnes lorsque les rôles sont mal délimités.

✓ ✓Incohérence avec la WBS ou PBS : L'OBS doit être alignée avec la structure de découpage des tâches (WBS) et des produits (PBS). Si cet alignement manque, il devient difficile de suivre la progression des tâches ou la production des composants.

✓ Rigidité dans la structure organisationnelle : Une OBS rigide peut entraver l'adaptabilité, surtout si des changements de personnel ou de ressources sont nécessaires en cours de projet.

✓ Problèmes de communication : L'OBS doit établir des canaux de communication clairs entre les différentes équipes. Si cela n'est pas bien organisé, cela peut entraîner des silos d'information et nuire à la collaboration.

✓ Sur- ou sous-utilisation des ressources : Si l'OBS ne tient pas compte des disponibilités et compétences réelles des membres de l'équipe, certains peuvent être surchargés tandis que d'autres ne sont pas assez sollicités.

✓ Difficulté d'intégration dans les grandes organisations : Dans les grandes structures, une OBS peut devenir complexe et difficile à gérer, rendant le suivi des responsabilités et des décisions plus compliquées.

Une OBS bien conçue clarifie les rôles et responsabilités, favorise une bonne coordination et permet un suivi efficace des ressources humaines impliquées dans le projet.

Créer une matrice combinant l'OBS (Organizational Breakdown Structure), la PBS (Product Breakdown Structure) et la WBS (Work Breakdown Structure) permet de clarifier les rôles, les livrables et les activités d'un projet en un seul document structuré. Cette matrice est souvent appelée Matrice de Responsabilités ou Matrice RACI (Responsable, Accountable, Consulté, Informé) pour spécifier les rôles, mais on peut aussi la concevoir pour représenter directement l'organisation des produits et des tâches par responsables.

Étapes pour créer une matrice OBS, PBS, WBS
1. Définir les éléments de chaque structure
✓ OBS (Organisation Breakdown Structure) : Identifiez les différentes entités et membres de l'équipe impliqués dans le projet, en spécifiant leurs rôles et niveaux de responsabilité.
✓ PBS (Product Breakdown Structure) : Décomposez le produit final en sous-produits, modules et composants distincts. Chaque composant ou module doit représenter un livrable tangible.
✓ WBS (Work Breakdown Structure) : Détaillez toutes les tâches nécessaires pour atteindre les livrables identifiés dans la PBS. La WBS doit être structurée en phases, puis en activités, et enfin en sous-tâches.

2. Construire la Matrice avec les Structures
✓ Organisez la matrice : Placez l'OBS (personnes ou départements) en colonnes, et combinez la PBS et la WBS sur les lignes.
✓ Lignes de la Matrice : Inscrivez les éléments de la PBS (produits et sous-produits) et de la WBS (tâches et sous-tâches) de manière hiérarchique.

Cela signifie que chaque produit final aura ses composants détaillés sous lui, et chaque composant ses tâches associées en dessous.
✓ Colonnes de la Matrice : Insérez les rôles de l'OBS (ex. chef de projet, ingénieur, designer, etc.) dans les colonnes.

3. Attribuer les Responsabilités (Option RACI)

Pour chaque croisement (cellule) entre la WBS/PBS (ligne) et l'OBS (colonne), indiquez le niveau de responsabilité. Voici une structure type avec la notation RACI :
✓ R (Responsable) : Celui qui réalise la tâche.
✓ A (Accountable) : Celui qui doit valider ou approuver.
✓ C (Consulté) : Celui qui est consulté pour son expertise.
✓ I (Informé) : Celui qui doit être informé de l'avancement.

4. Revérifier et Valider la Matrice

Passez en revue la matrice avec les parties prenantes pour confirmer que chaque rôle et responsabilité est clair. Cette étape permet d'éviter les conflits potentiels et d'assurer que tous les membres de l'équipe comprennent leur place dans le projet.

Ce type de matrice clarifie la décomposition des produits (PBS), des tâches associées (WBS), et les personnes impliquées (OBS) avec leurs niveaux de responsabilité. Chaque tâche dans une matrice OBS-PBS-WBS doit idéalement être reliée aux outils de planification comme les diagrammes de PERT et de Gantt. Ces outils permettent de visualiser le déroulement temporel des tâches, leurs dépendances et les délais, pour une gestion de projet plus efficace.

1. Définition des Tâches dans la WBS et Attribution des Responsabilités (Matrice OBS)
✓ La WBS fournit la liste détaillée des tâches à accomplir pour atteindre les livrables définis dans la PBS.
✓ La matrice OBS-PBS-WBS permet d'assigner des rôles spécifiques pour chaque tâche, en lien avec les personnes ou départements responsables de leur exécution.

2. Création du Diagramme de PERT (Programmation et Gestion des Dépendances)
✓ Le PERT (Program Evaluation and Review Technique) est utilisé pour déterminer la séquence logique et les dépendances entre les tâches. Il met en évidence les chemins critiques et les délais pour chaque activité.
✓ Dans un PERT, chaque tâche de la WBS est représentée comme un nœud ou une flèche (selon la méthode utilisée) qui montre son lien avec les tâches précédentes et suivantes.
✓ Le PERT aide ainsi à identifier les tâches interdépendantes, les chemins critiques et les marges de manœuvre pour éviter les retards.

3. Conversion en Diagramme de Gantt (Planification Temporelle)

✓ Le diagramme de Gantt est l'outil visuel qui prend en compte les tâches et dépendances identifiées dans le PERT et les place dans une échelle de temps.
✓ Chaque tâche issue de la WBS est positionnée sur la ligne du temps avec sa date de début, sa durée, et son échéance.
✓ Le Gantt montre aussi la progression de chaque tâche, les jalons (ou "milestones"), et les chevauchements entre tâches, facilitant le suivi au fil du projet.

4. Intégration et Suivi

En associant les tâches de la WBS au PERT et au Gantt, le gestionnaire de projet peut suivre de manière précise l'avancement des tâches, anticiper les retards, et ajuster les plannings au besoin. Si une tâche subit un retard dans le diagramme de Gantt, il est possible de voir directement les impacts sur le chemin critique dans le PERT et sur l'ensemble du planning.

Exemple d'Interaction :

Tâche 1 ("Conception du produit A") : définie dans la WBS, elle est affectée à un ingénieur dans la matrice OBS et planifiée pour commencer à une date précise dans le Gantt. Dans le PERT, cette tâche pourrait précéder "Développement du produit A" et dépendre de l'achèvement d'une autre tâche de préparation.

Suivi : Si la tâche "Conception du produit A" est retardée, le PERT permet de vérifier si elle est sur le chemin critique, indiquant si le retard impactera l'ensemble du projet. Dans le Gantt, on ajuste la date de fin et la dépendance pour voir l'impact en temps réel.

Avantages de Relier Tâches, PERT et Gantt
Optimisation de la gestion des ressources en anticipant les surcharges ou sous-utilisations.
Identification des goulots d'étranglement grâce au chemin critique du PERT.
Suivi en temps réel de la progression grâce au diagramme de Gantt, qui est plus visuel pour le suivi quotidien.

En somme, relier les tâches de la WBS aux diagrammes PERT et Gantt crée une cohérence de bout en bout, permettant une planification, un suivi et une gestion des dépendances optimisés dans le projet. L'analyse fonctionnelle peut être liée aux structures WBS, PERT et Gantt pour s'assurer que le projet répond aux besoins fonctionnels et aux attentes du client en respectant les exigences du produit et les contraintes techniques. Voici comment relier l'analyse fonctionnelle avec les éléments de gestion de projet :

Aligner l'Analyse Fonctionnelle avec la PBS et la WBS
Définition des Fonctions : L'analyse fonctionnelle décompose le produit en fonctions principales et

sous-fonctions pour répondre aux besoins. Cette décomposition est ensuite traduite dans la PBS, où chaque fonction est associée à un composant spécifique du produit.

Lien avec la WBS : Une fois les fonctions identifiées dans la PBS, la WBS détaille les tâches nécessaires pour concevoir, développer, tester et livrer chaque fonction. Les tâches de la WBS sont donc directement dérivées des fonctions définies dans l'analyse fonctionnelle.

Exemple :
Fonction principale : "Assurer la sécurité de l'utilisateur".
PBS : Intègre des sous-systèmes de sécurité (ex. capteurs, système de freinage).
WBS : Tâches spécifiques comme "Concevoir le capteur de freinage", "Développer le logiciel de contrôle", et "Tester la réactivité des freins".

Planification et Gestion des Dépendances avec le Diagramme de PERT
Établir les Dépendances Fonctionnelles : Les dépendances entre les fonctions identifiées dans l'analyse fonctionnelle peuvent orienter la séquence des tâches dans le PERT. Par exemple, si une fonction dépend d'une autre pour fonctionner, cela doit être reflété dans le diagramme de PERT.

Chemin Critique : Certaines fonctions clés identifiées dans l'analyse fonctionnelle, essentielles pour la réussite du produit, pourraient faire partie du chemin critique. La planification en PERT montre alors comment les retards affecteront le projet global et les fonctions cruciales.

Exemple :
Fonction de base : "Assurer la connectivité".
Tâche associée dans le PERT : "Intégration du module Wi-Fi" doit être complétée avant "Tests de connexion", montrant ainsi les dépendances entre les tâches fonctionnelles.

Intégration dans le Diagramme de Gantt pour le Suivi Temporel
Organiser les Tâches par Fonction : Dans le diagramme de Gantt, regroupez les tâches selon les fonctions issues de l'analyse fonctionnelle. Cela permet de visualiser comment chaque fonction progresse et d'identifier les goulots d'étranglement spécifiques à certaines fonctions du produit.

Suivi des Jalon de Fonctions : Les jalons (milestones) dans le Gantt peuvent être définis pour chaque fonction principale (par ex., "Fonction de sécurité validée" ou "Fonction de connectivité testée"). Cela permet de suivre plus facilement les grandes étapes fonctionnelles.

Utilisation de la Matrice OBS-PBS-WBS pour Assigner les Rôles Fonctionnels

Affecter les Responsables des Fonctions : Les rôles définis dans l'OBS peuvent être associés aux fonctions identifiées dans l'analyse fonctionnelle. Par exemple, une équipe spécialisée pourrait être assignée aux tâches de conception d'une fonction spécifique comme la sécurité ou la connectivité.

Coordination Inter-fonctionnelle : Les équipes responsables de différentes fonctions (comme la sécurité ou l'interface utilisateur) sont clairement identifiées, ce qui facilite la coordination entre les équipes pour éviter les doublons et respecter les interdépendances fonctionnelles.

Boucles de Validation Fonctionnelle
Étapes de Validation : Pour chaque fonction définie dans l'analyse fonctionnelle, des points de validation (Vérifications et Tests) peuvent être intégrés aux étapes de la WBS, planifiées dans le Gantt et monitorées dans le PERT.

Retours d'Information : Si un problème est détecté dans une fonction lors des tests, cela peut être rapidement intégré au planning de la WBS et au Gantt pour ajuster les étapes en fonction des corrections nécessaires.

Synthèse des Liens entre Analyse Fonctionnelle et Gestion de Projet
Analyse Fonctionnelle ➜ PBS : Décomposition en fonctions et sous-fonctions.

Analyse Fonctionnelle ➜ WBS : Tâches détaillées pour chaque fonction.
Analyse Fonctionnelle ➜ PERT : Gestion des dépendances fonctionnelles et chemin critique.
Analyse Fonctionnelle ➜ Gantt : Suivi temporel des fonctions et jalons.
Analyse Fonctionnelle ➜ OBS : Assignation de responsabilités pour chaque fonction clé.

En reliant chaque niveau de l'analyse fonctionnelle aux outils de planification (WBS, PERT, et Gantt), on obtient une gestion de projet cohérente, centrée sur la satisfaction des besoins et exigences fonctionnels du produit final. On peut utiliser des outils visuels qui permettent de décomposer les besoins et fonctions d'un produit en fonctions principales et sous-fonctions. Cette approche structure l'analyse fonctionnelle et facilite la compréhension de chaque fonction en relation avec l'objectif global.

1. Étape Préparatoire : Définir le Cahier des Charges Fonctionnel (CdCF)
Objectifs et Contexte : Rédigez les objectifs du produit et les attentes principales.

Besoins : Listez les besoins à satisfaire, qu'ils soient d'usage (comment l'utilisateur va interagir avec le produit) ou de performance (ce que le produit doit accomplir).

Contraintes : Notez les contraintes techniques, réglementaires, environnementales, etc.

## 2. Identification des Fonctions (Fonctions de Service et Fonctions Contraintes)

Fonctions de Service (FS) : Ce sont les fonctions essentielles pour répondre au besoin de l'utilisateur, telles que "Protéger l'utilisateur", "Assurer la sécurité" ou "Assurer la mobilité".

Fonctions Contraintes (FC) : Ce sont les obligations imposées par le contexte, comme "Respecter la norme ISO", "Être compatible avec une autre pièce", ou "Résister à la corrosion".

## Tracé du Diagramme FAST (Functional Analysis System Technique)

Le diagramme FAST est un outil visuel pour structurer les fonctions. Voici comment le tracer :

Écrire l'objectif principal : Placez l'objectif principal du produit en haut de votre diagramme.

Décomposer en Fonctions Principales : Sous l'objectif principal, décomposez le produit en fonctions principales. Demandez-vous "Que fait le produit ?" pour chaque fonction, afin de rester centré sur l'utilité du produit.

Décomposer en Sous-fonctions : Pour chaque fonction principale, ajoutez des sous-fonctions en posant la question "Comment ?" Ces sous-fonctions montrent les actions ou attributs nécessaires pour réaliser la fonction principale.

Indiquer les dépendances : Montrez les relations et dépendances entre les fonctions pour donner une vue hiérarchique du produit.
Voici un exemple simplifié de diagramme FAST :

Objectif principal : Assurer la sécurité des données
    ├────── FS1 : Protéger l'accès
    │     ├────── Contrôle des accès
    │     ├────── Authentification des utilisateurs
    ├────── FS2 : Chiffrer les données
    │     ├────── Chiffrement des fichiers
    │     ├────── Protection pendant le transfert

Créer le Diagramme SADT (Structured Analysis and Design Technique)

But du SADT : Visualiser les entrées, processus, et sorties pour chaque fonction. C'est idéal pour tracer comment chaque fonction interagit avec des éléments externes.

Structure du Diagramme SADT :
Boîte de fonction : Chaque fonction est représentée par une boîte.

Flèches :
Entrées (à gauche) : Données ou conditions nécessaires pour accomplir la fonction.

Sorties (à droite) : Résultats produits par la fonction.
Contrôles (en haut) : Règles ou normes à respecter.
Moyens (en bas) : Ressources ou outils utilisés.

Diagramme Bête à Cornes et Pieuvre (Approche Orientée Besoins)

Ces diagrammes sont utilisés pour formaliser le besoin global et les interactions avec l'environnement.

Bête à Cornes : Ce diagramme permet de répondre aux questions suivantes :
À qui le produit rend-il service ?
Sur quoi agit-il ?
Dans quel but ?

Diagramme Pieuvre : Représente le produit au centre, avec des tentacules qui illustrent les interactions avec les éléments extérieurs, comme les utilisateurs, les autres systèmes, et les contraintes.

Exemple pour un téléphone portable :
Bête à Cornes : "Le téléphone rend service à l'utilisateur, il agit sur la communication pour permettre la mobilité."

Pieuvre : Téléphone au centre avec des tentacules pour "Utilisateurs", "Réseau mobile", "Électricité", "Normes de compatibilité", etc.

Matrice de Critères de Fonctions
Créez une matrice pour noter chaque fonction en termes de criticité, fréquence d'utilisation, et niveau de difficulté.

Classez les fonctions selon leur importance pour prioriser les tâches dans la planification (PERT et Gantt).

Outils pour Tracer les Diagrammes
Logiciels comme Lucidchart, Microsoft Visio, Miro ou Draw.io permettent de créer ces diagrammes.

Les tableurs comme Excel ou Google Sheets peuvent être utilisés pour les matrices de critères et l'organisation des fonctions.

Tracer une analyse fonctionnelle avec ces diagrammes permet de clarifier les objectifs, d'anticiper les exigences techniques, et de structurer la planification pour répondre au besoin global du produit. L'AMDEC (Analyse des Modes de Défaillance, de leurs Effets et de leur Criticité) est un outil clé pour anticiper et évaluer les risques de défaillance dans les fonctions identifiées lors de l'analyse fonctionnelle. En intégrant l'AMDEC avec l'OBS-PBS-WBS, l'analyse fonctionnelle, et les plannings de PERT et Gantt, on peut obtenir une gestion de projet robuste qui priorise la fiabilité et la qualité.

Relier l'AMDEC aux Fonctions Identifiées dans l'Analyse Fonctionnelle

Objectif : Évaluer le risque de défaillance des fonctions définies lors de l'analyse fonctionnelle.

Décomposition des Fonctions : Prenez chaque fonction de l'analyse fonctionnelle (FS et FC) et analysez comment une défaillance de cette fonction pourrait affecter l'objectif global du produit.

Étapes de l'AMDEC :

Modes de Défaillance : Identifiez les modes de défaillance possibles pour chaque fonction. Par exemple, pour une fonction de sécurité, un mode de défaillance pourrait être "non-détection d'une intrusion".

Effets de la Défaillance : Évaluez les conséquences de chaque défaillance sur le produit, l'utilisateur, ou l'environnement.

Criticité : Attribuez un indice de criticité basé sur la fréquence, la gravité, et la détectabilité de la défaillance.

Exemple :
Fonction : Assurer la sécurité de l'utilisateur.
Mode de Défaillance : Capteur de sécurité défectueux.

Effet : L'utilisateur n'est pas averti d'un danger potentiel.

Criticité : Élevée, car cela impacte directement la sécurité de l'utilisateur.

Intégration de l'AMDEC avec la PBS et la WBS
Lien avec la PBS : Utilisez la PBS pour analyser les composants du produit associés à chaque fonction. L'AMDEC peut alors être réalisée pour chaque sous-système ou composant.

Lien avec la WBS : Associez chaque tâche de la WBS aux modes de défaillance potentiels identifiés dans l'AMDEC. Cela permet de s'assurer que des actions préventives et des vérifications sont planifiées dans la WBS pour réduire le risque de défaillance.

Par exemple :
Module de détection de gaz (défini dans la PBS pour la fonction "Sécurité").
Tâche de la WBS : "Tester la sensibilité du module de détection".

AMDEC : La défaillance du module de détection est identifiée comme critique ; la WBS intègre donc des tests de vérification pour s'assurer que le composant fonctionne selon les spécifications.

Intégration avec le Planning PERT et Gantt
PERT : Les tâches de prévention et de test, identifiées dans la WBS pour atténuer les risques de défaillance (AMDEC), doivent être intégrées dans le

diagramme de PERT. Elles peuvent affecter les dépendances entre les tâches, notamment si certaines vérifications doivent être faites avant de passer à l'étape suivante.

Gantt : Le diagramme de Gantt doit inclure les tâches AMDEC en indiquant les échéances pour les vérifications et les tests. Cela permet de visualiser quand les actions de réduction des risques seront réalisées.

Relier l'AMDEC à la Matrice OBS pour la Répartition des Rôles et Responsabilités
Responsabilités par Fonction et Risques : Associez les personnes ou équipes responsables (dans l'OBS) aux fonctions de l'analyse fonctionnelle et aux risques identifiés dans l'AMDEC. Par exemple, une équipe d'ingénierie pourrait être chargée des tests de sécurité tandis qu'une autre équipe se concentre sur les fonctionnalités de l'interface.

Suivi des Actions Préventives et Correctives : Les tâches issues de l'AMDEC, telles que les actions préventives, sont affectées à des responsables dans la matrice OBS, assurant que chaque risque identifié a un suivi clair.

Synthèse dans une Matrice AMDEC-WBS-OBS pour le Suivi Global des Risques
Matrice de Suivi : Créez une matrice qui relie les fonctions de l'analyse fonctionnelle (via la PBS), les

modes de défaillance (AMDEC), les tâches associées (WBS), et les responsables (OBS).
Indice de Criticité : Assurez-vous que les tâches avec un indice de criticité élevé sont clairement identifiées et suivent un plan d'action spécifique dans le Gantt et PERT.

Intégration des Résultats de l'AMDEC dans l'Amélioration Continue du Projet
Retours d'Expérience : Utilisez les données collectées dans l'AMDEC pour ajuster les tâches de la WBS et les plannings dans le PERT et Gantt au fil du projet.

Ajustement des Processus : Les résultats de l'AMDEC permettent d'optimiser la gestion des risques dans les projets futurs, en ajustant les processus pour mieux prévenir et gérer les défaillances similaires.

En associant l'AMDEC avec l'analyse fonctionnelle, la WBS, et les outils de planification, on intègre la gestion des risques dans tous les niveaux du projet, assurant ainsi que les fonctions clés répondent aux exigences de fiabilité et de sécurité tout au long du cycle de vie du projet. Le Niveau de Priorité de Risque (NPR) est un indicateur clé dans l'AMDEC pour hiérarchiser les risques identifiés, en fonction de leur gravité, probabilité d'occurrence et capacité de détection. L'utilisation du NPR permet de prioriser les actions de gestion des risques et de concentrer les efforts sur les défaillances les plus critiques.

Calcul du Niveau de Priorité de Risque (NPR)
Le NPR est généralement calculé en multipliant trois facteurs :
Gravité (S) : La gravité de l'effet de la défaillance si elle se produit. Elle est notée sur une échelle de 1 à 10, où 1 représente un effet négligeable et 10 un effet catastrophique.

Probabilité d'Occurrence (O) : La probabilité que le mode de défaillance se produise. Elle est également notée sur une échelle de 1 à 10, où 1 représente une probabilité très faible et 10 une probabilité très élevée.

Capacité de Détection (D) : La capacité à détecter la défaillance avant qu'elle n'affecte le système. Elle est notée sur une échelle de 1 à 10, où 1 représente une détection facile et 10 une détection très difficile.

La formule de calcul est donc :
$$NPR = S \times O \times D$$

Interprétation du NPR
NPR Faible (1–100) : Le risque est faible, et aucune action immédiate n'est nécessaire. Ces risques peuvent être surveillés, mais ne nécessitent pas de traitement urgent.

NPR Modéré (101–200) : Ces risques méritent d'être suivis de près et des actions préventives peuvent être prises pour réduire leur impact.

NPR Élevé (201–500) : Les risques avec un NPR élevé nécessitent une action immédiate. Ils doivent être traités en priorité avec des mesures correctives ou préventives pour minimiser leur impact potentiel.

Un NPR très élevé (par exemple, supérieur à 300) signifie que la défaillance a un impact majeur, une forte probabilité de se produire et une faible capacité de détection. Ce type de risque doit être pris en charge de toute urgence.

## 3. NPR

Utilisation du NPR pour la Priorisation des Actions
Une fois que vous avez calculé le NPR pour chaque mode de défaillance, vous pouvez l'utiliser pour prioriser les actions suivantes :
- Pour les risques à NPR faible (1–100) : Ces risques peuvent être surveillés mais ne nécessitent pas d'actions immédiates.
- Pour les risques à NPR modéré (101–200) : Effectuez des actions préventives, comme des inspections régulières ou des améliorations sur le processus de fabrication.
- Pour les risques à NPR élevé (201–500) : Implémentez des mesures correctives, réalisez des tests et des vérifications rigoureuses, et assurez-vous que ces risques soient maîtrisés avant de poursuivre le projet. Cela peut inclure des audits, des contrôles

qualité renforcés ou des changements de conception pour réduire le risque.

Suivi du NPR
Le NPR doit être régulièrement mis à jour en fonction de l'évolution du projet et de l'amélioration des actions de mitigation. Si une mesure préventive est mise en place (ex. : remplacement d'un composant), le NPR de ce mode de défaillance peut être réévalué. Si le produit passe des tests supplémentaires ou si la probabilité d'une défaillance devient plus claire, le NPR peut augmenter ou diminuer.

Utilisation du NPR dans le Suivi du Projet
Tableau de Suivi des Risques : En intégrant les NPR dans un tableau de suivi, vous pouvez facilement visualiser quels risques sont les plus critiques et requièrent des actions urgentes.

Plan d'Action et Mise à Jour : Les risques à NPR élevé doivent être intégrés dans le plan d'action et leurs mesures de mitigation doivent être suivies attentivement, avec des ajustements réguliers dans les plannings de gestion de projet (PERT/Gantt).

Exemple d'Application avec la WBS et PERT/Gantt
WBS : Intégrez les actions de réduction des risques liés aux modes de défaillance identifiés dans la WBS, en associant chaque tâche ou sous-tâche à un mode de défaillance spécifique et en attribuant un NPR à chaque tâche.

PERT/Gantt : Utilisez ces informations pour ajuster la planification des tâches en fonction des priorités de risque. Les tâches liées à des risques avec un NPR élevé doivent être positionnées en priorité dans le calendrier et être surveillées de manière étroite.

Le NPR permet de fournir une évaluation claire des risques et de guider les actions de gestion de projet, en mettant l'accent sur la réduction des risques les plus critiques pour la sécurité, la fiabilité et la qualité du produit. Il est un outil indispensable pour la priorisation des ressources et des efforts dans un environnement de gestion de projet complexe. Le moment clé de la codification pour la PBS, OBS, et WBS en lien avec l'analyse fonctionnelle et l'AMDEC (Analyse des Modes de Défaillance, de leurs Effets et de leur Criticité) et son action corrective est celui où les risques sont identifiés, priorisés, et où les actions correctives sont définies pour prévenir ou réduire les défaillances potentielles. Ce moment se situe généralement à la phase de définition du projet, juste après la phase d'analyse fonctionnelle, et avant de se lancer dans la conception détaillée, la planification et l'exécution des tâches.

Codification de la PBS, OBS et WBS à partir de l'Analyse Fonctionnelle

Analyse Fonctionnelle (AF) :

Objectif : L'analyse fonctionnelle permet de définir les fonctions essentielles du produit ou du système à réaliser. Elle aide à comprendre quoi faire, indépendamment de comment le faire.

Exemple : Si la fonction est de maintenir la température d'un système à un certain niveau, cela va être codifié dans la PBS, OBS, et WBS.

PBS (Product Breakdown Structure) :
Codification : La PBS décompose le produit en composants ou sous-systèmes à partir des fonctions définies dans l'analyse fonctionnelle. Chaque fonction doit être liée à une partie du produit dans la PBS.

Moment clé de codification : La codification des éléments dans la PBS se fait après l'identification des fonctions de l'analyse fonctionnelle. Chaque fonction doit être clairement définie et attribuée à une partie du produit ou sous-système.

Exemple : Si une fonction est de "fournir de l'énergie", elle pourrait être associée à une batterie dans la PBS.

OBS (Organization Breakdown Structure) :
Codification : L'OBS décompose le projet en équipes ou responsabilités. Chaque composant du produit dans la PBS est associé à une équipe ou une ressource responsable dans l'OBS.

Moment clé de codification : Cela intervient après la codification de la PBS, lorsque l'on détermine qui dans l'organisation sera responsable de la conception, de la fabrication, ou de la gestion des risques liés à chaque sous-système ou fonction.

Exemple : Si une fonction de "contrôle de température" est associée à un sous-système dans la PBS, l'OBS peut spécifier que l'équipe systèmes de régulation sera responsable de cette fonction.

WBS (Work Breakdown Structure) :
Codification : La WBS décompose le travail en tâches et sous-tâches spécifiques à réaliser pour produire chaque composant de la PBS. Chaque tâche doit être clairement définie en termes de résultat attendu.

Moment clé de codification : Cela se fait après avoir codifié la PBS et l'OBS. Chaque élément de la PBS et chaque fonction dans l'analyse fonctionnelle doit être transcrit en termes de tâches dans la WBS.

Exemple : Pour une fonction de maintenance de la température, la WBS pourrait inclure des tâches comme concevoir le régulateur de température, tester le système de régulation et mettre en place des contrôles qualité.

Intégration de l'AMDEC dans la Codification
Relation entre AMDEC et Codification PBS-OBS-WBS :

L'AMDEC identifie les modes de défaillance possibles, leur gravité, probabilité et capacité de détection. Chaque mode de défaillance identifié dans l'AMDEC doit être lié à un élément de la PBS, de l'OBS et de la WBS.

Liens avec la PBS : Chaque composant ou sous-système de la PBS est évalué dans l'AMDEC pour identifier les modes de défaillance potentiels. La codification de la PBS permet de vérifier que tous les risques ont été pris en compte pour chaque sous-système.

Liens avec l'OBS : Chaque responsabilité ou équipe de l'OBS doit être consciente des risques identifiés dans l'AMDEC et des mesures correctives à prendre pour chaque composant sous leur responsabilité.

Liens avec la WBS : Les tâches dans la WBS doivent prendre en compte les actions correctives issues de l'AMDEC. Par exemple, si un mode de défaillance est identifié dans l'AMDEC, une tâche de prévention ou de test spécifique peut être ajoutée dans la WBS pour l'atténuer.

Exemple d'intégration :
Composant dans la PBS : Système de régulation de température.

Mode de défaillance dans l'AMDEC : Mauvais réglage de la température, entraînant des risques de surchauffe.

Action corrective : Ajouter une tâche de vérification et calibration des capteurs de température dans la WBS.

Action Corrective basée sur l'AMDEC dans la WBS
L'action corrective est un élément central dans l'AMDEC, surtout lorsque le NPR (Niveau de Priorité de Risque) est élevé. Après avoir calculé le NPR et déterminé les risques à prioriser, il est crucial d'implémenter des actions pour réduire ou éliminer ces risques.

Liens avec la WBS : Dès qu'une défaillance critique est identifiée, une tâche corrective est codifiée dans la WBS. Si le NPR d'un mode de défaillance est élevé, la tâche dans la WBS pourrait inclure une révision de la conception ou un test supplémentaire pour garantir que la défaillance ne se produira pas. La tâche corrective est codifiée et planifiée avec des dates spécifiques dans le planning Gantt pour assurer sa réalisation en temps voulu.

Suivi de l'Efficacité des Actions Correctives
Après la mise en place des actions correctives, il est essentiel de suivre leur efficacité. Cela peut se faire en réévaluant les risques dans l'AMDEC après l'implémentation des actions et en ajustant les tâches dans la WBS et les responsabilités dans l'OBS pour s'assurer que les risques sont maîtrisés.

Exemple :
Évaluation après action corrective : Si une action corrective a permis de réduire un NPR élevé, une nouvelle réévaluation de la défaillance dans l'AMDEC peut être effectuée pour vérifier l'efficacité de la solution.

Ajustement dans la WBS : Si le risque est contrôlé, certaines tâches dans la WBS peuvent être considérées comme complètes ou nécessitant moins de ressources.

Le moment clé de la codification dans le cadre de la PBS, de l'OBS et de la WBS est celui où les risques sont non seulement identifiés et évalués, mais où les actions correctives issues de l'AMDEC sont intégrées dans la planification du projet. Ce processus permet d'anticiper les défaillances potentielles et d'assurer la réduction des risques tout au long de la réalisation du projet. La codification des tâches, des responsabilités et des sous-systèmes en lien avec l'analyse fonctionnelle et l'AMDEC assure une gestion proactive des risques, une réactivité rapide et un suivi efficace des actions correctives.

# Bibliographie générale


Intelligence Heuristique, Systémique et Méthodologie ©PSMI
Intelligence Heuristique (IH) et créativité
Gigerenzer, G., & Todd, P. M. (1999). Simple Heuristics That Make Us Smart. Oxford University Press.
Kahneman, D. (2011). Thinking, Fast and Slow. Farrar, Straus and Giroux.
Sternberg, R. J., & Davidson, J. E. (1995). The Nature of Insight. MIT Press.

Systémique appliquée à la gestion de projet
Checkland, P. (1999). Systems Thinking, Systems Practice: Includes a 30-Year Retrospective. John Wiley & Sons.
Forrester, J. W. (1961). Industrial Dynamics. MIT Press.
Senge, P. M. (1990). The Fifth Discipline: The Art and Practice of the Learning Organization. Doubleday.

Méthodologie ©PSMI et gestion de projet innovante
Verne, J. (1874). L'Île mystérieuse. Pierre-Jules Hetzel.
PMI (Project Management Institute). (2021). A Guide to the Project Management Body of Knowledge (PMBOK Guide). Project Management Institute.
Kline, S. J., & Rosenberg, N. (1986). An Overview of Innovation. In The Positive Sum Strategy: Harnessing Technology for Economic Growth, National Academy Press.

Innovation de rupture et intelligence créative
Christensen, C. M. (1997). The Innovator's Dilemma: When New Technologies Cause Great Firms to Fail. Harvard Business Review Press.
Brown, T. (2008). Design Thinking. Harvard Business Review, 86(6), 84-92.

Schumpeter, J. A. (1942). Capitalism, Socialism and Democracy. Harper & Brothers.

Bibliographie spécialisée : Exploration Spatiale et Extraction Lunaire
Exploration spatiale et innovation en ingénierie
Verne, J. (1865). De la Terre à la Lune. Pierre-Jules Hetzel.
O'Neill, G. K. (1977). The High Frontier: Human Colonies in Space. William Morrow & Company.
NASA. (2022). Artemis Program Overview: Exploration to the Moon and Beyond. NASA Publications.

Gestion des ressources spatiales et impact économique
Metzger, P. T., et al. (2018). Affordable, Rapid Bootstrapping of the Space Economy Through Resource Utilization. New Space, 6(4), 297-312.
Crawford, I. A. (2015). Lunar Resources: A Review. Progress in Physical Geography: Earth and Environment, 39(2), 137-167.
Hein, A. M., et al. (2021). Artificial Intelligence, Space Mining, and Value Creation in the New Space Economy. Acta Astronautica, 182, 1-14.

Bibliographie complémentaire : Congruence Conceptuelle et Cohésion d'équipe
Congruence conceptuelle et communication organisationnelle
Rogers, C. R. (1961). On Becoming a Person: A Therapist's View of Psychotherapy. Houghton Mifflin Harcourt.
Nonaka, I., & Takeuchi, H. (1995). The Knowledge-Creating Company: How Japanese Companies Create the Dynamics of Innovation. Oxford University Press.
Edmondson, A. C. (1999). Psychological Safety and Learning Behavior in Work Teams. Administrative Science Quarterly, 44(2), 350-383.

Développement durable et stratégie d'innovation éthique

Elkington, J. (1998). Cannibals with Forks: The Triple Bottom Line of 21st Century Business. New Society Publishers.
Bansal, P., & DesJardine, M. R. (2014). Business Sustainability: It Is About Time. Strategic Organization, 12(1), 70-78.
Freeman, R. E. (1984). Strategic Management: A Stakeholder Approach. Pitman.

Sources historiques et fictionnelles pour une perspective créative sur l'ingénierie et la vision de l'avenir
Inspirations littéraires pour une innovation visionnaire

Verne, J. (1870). Vingt Mille Lieues sous les mers. Pierre-Jules Hetzel.
Orwell, G. (1949). 1984. Secker & Warburg.
Bradbury, R. (1953). Fahrenheit 451. Ballantine Books.

FSC
www.fsc.org
MIXTE
Papier issu
de sources
responsables
Paper from
responsible sources
FSC® C105338